种子变花园

·阳台园艺全攻略·

[韩] 李宣英 著
李舟妮 译

中国水利水电出版社
www.waterpub.com.cn

和我一起走进充满幸福的"阳台花园"

老家的院子里种了几株夹竹桃。每到夏天，它们就会开出许多粉红色的小花。所以，左邻右舍都把我们家叫做"粉红房子"。记得少时的我最喜欢剪下几枝夹竹桃花，插入盛满清水的玻璃瓶中。然后，我就坐在花前翻开一本心爱的书，感受那份微小却满溢的幸福。

读伯内特夫人的《秘密花园》就是那阵子的事。这本书讲述了一座荒废的秘密花园在女主人公玛丽的悉心照料下重新恢复生机的动人故事。通过这个故事我才知道，花需要呵护才会变得美丽，而呵护花草的过程又是那样美好而温暖。从那时起，我便萌生了一个念头——日后要打造一座属于自己的美丽花园。

真正开始动手打理花草还是在奶奶重病的时候。当时，眼看奶奶终日卧床不起，我便买了些盆栽放在她的房间，希望花草的美丽与生机可以为她带来些许慰藉。可当我着手打理这些盆栽时，才发现并非想象中那么容易。作为一个园艺新手，我连什么时候该浇水、什么植物喜阴（喜阳）、植物叶片为什么发黄这些基本问题都全然不知。我试着上网寻找解答，却被五花八门的答案弄得晕头转向。几经摸索我终于明白，园艺之道并无标准答案，只有在实践中方能寻得"真知"。就这样，我逐渐走进了花草的世界。

不知不觉，5年过去了。如今，我家那原本只用来晾衣服的阳台已经成为了一座花繁叶茂的"小型植物园"。从喇叭花、鸡冠花、波斯菊到球根植物、多肉植物，各种各样的花草在这座植物园里其乐融融地生活着。我这个曾经十指不沾泥土的典型现代女性，也摇身一变成为了"城中农妇"，甚至不厌其烦地为周围人讲解如何播种、如何扦插。

更令我感到神奇的是，我那原本因长期看护病人而疲惫不堪的身心，竟因为这些花花草草而变得轻松愉悦。也许，并不是我成就了这些花草，而是这些花草成就了我的幸福。如今，园艺已经成为我生命中不可或缺的重要部分，是我最信赖的“治愈良药”。

你是不是也像当初的我一样，正想打造属于自己的阳台花园，却不知道如何下手？不用担心，因为你的手上有了这本书。我将自己这些年来的园艺心得毫无保留地写在了本书之中。也许我的专业知识比不上学者，但我亲身经历过所有初学者都会遇到的困难，也通过自己的努力克服了这些困难，所以我的心得都是最简单、最实用的。为了完成本书，我几乎将去年所有时间花在了栽种植物、写心得和拍照发博客上。虽然过程无比辛苦，但一想到能和各位读者展示我的心爱花园、分享我的园艺心得，便感到内心无比满足。如果这本书能够为你打造阳台花园助上一臂之力，那将是我最大的欣慰。

来吧，现在就开始和我一起走进园艺的世界。我希望你别心急，慢慢来。要相信，每一颗小小的种子，每一株细细的秧苗，都会在日后成为你美丽花园中的生力军。我的花园也是从几株容易存活的小花小草开始，逐渐发展为了今天的规模。如果不去亲身实践，你将永远体会不到园艺所带来的极大快乐。别再犹豫了，现在就开始挑战吧！

最后，我要感谢长期以来给我无限支持的家人，以及如今已在天国的爷爷奶奶。我爱你们！

Contents

PART 1

走进五彩缤纷的花草世界
阳台上的鲜花

阳台上的美与味
是食物，也是植物 可食用花·香草

用花草让你的家四季如春 宿根・球根

绝对会让你一爱上就不可收拾的多肉植物

让你家阳台变成绿叶森林观叶植物

本书阅读方法

雨后与你闲话花草
这里会介绍一些关于花草的知识，如花草的特点、名字的由来、所含的有益成分等。

难易度
繁殖力强、容易养活的花草为“易”，从发芽到开花结果的时间超过6个月的花草为“中”，种植成功与否要取决于温度和光照等因素的花草为“难”。

繁殖方式
主要分为播种和扦插两种。播种是最为推荐的方式，但有的植物种子很难买到，有的即使买到也很难播种成功，在这些情况下就只能采取扦插法。

开花时间
通常标示为“播种后X个月”。有的花草在光照和温度合适的情况下一年四季均可开花，所以开花时间标示为“终年开花”。

越冬温度
花草在冬天所能忍受的最低温度。

适宜温度
最适合花草生长的温度。

浇水
定时浇水是不正确的做法，应该要视土壤的干燥情况来决定浇水时机。浇水方式分为“表层土壤干燥时一次性把水浇透”、“深层土壤干燥时一次性把水浇透”等。

阳光
本书根据花草对光照的需求将它们分为了三个等级。最适合在直射光线下生长的花草为三星级☀☀☀，每天需要在窗户透进的阳光下放置3~4个小时以上的花草为二星级☀☀，适合生活在离窗户较远的阴凉室内的花草为一星级☀。

就这么吃
养在家中的花草不仅赏心悦目，还有丰富的用途。它们既可以是天然的食材，也可以是环保的杀虫剂、空气清新剂。在这里，你将学习到各种花草的健康烹调法等。

美容效果远超果蔬百倍的

洋凤仙

花语：我的爱比你深

雨后与你闲话花草

洋凤仙和凤仙花有一个相同点，那就是当子房成熟时只要一碰就会炸开来。它又分为非洲凤仙花和新几内亚凤仙花，这两种花的花朵完全一样，叶子却全然不同。非洲凤仙花的叶子小而圆，新几内亚凤仙花的叶子则大而尖。洋凤仙大部分都为单瓣花，但最近复瓣花新品种也开始出现。虽然它们通常被作为户外观赏植物栽培，却对室内环境具备极强的适应能力，在近来成为了颇受欢迎的室内植物。如果说演艺圈中最牛的人才称得上“大腕”，那么洋凤仙无疑就是阳台花园上的大腕了。它播种后只需2个月即可开花，还可以进行扦插移植，“四季常开”对它来说也并非难事。而且，它还是上好的食材和药材！怎么样，这个大腕绝对够格吧？

采集种子

当花蕊开始分泌出花粉时，即可用棉签或小刷子进行人工授粉了。子房在完全成熟后仍然会呈草绿色，然后在某个瞬间突然炸开。如果你不想种子四处散落，就要提前在子房下方铺一张报纸。

洋凤仙是制作鲜花拌饭最理想的材料。它完全没有异味，即便不爱吃花的人也能轻松接受它。它的抗老化成分“多酚”含量是所有食用花朵中最高的，所以护肤美容的效果是普通果蔬的百倍之多。

102

采集种子
这里介绍了如何从凋谢的花朵中收集植物种子。

播种
种子分为需暗发芽和需光发芽两种类型。需暗发芽的种子要在没有阳光的地方才能发芽，需光发芽的种子要在阳光下才能发芽。这里介绍了各种花草种子的播种方法及播种所必需的外部条件等。有的花草种子发芽慢、存活难，建议直接从花店购买人工幼苗。

播种

1 洋凤仙的种子扁而小。作为一种需光发芽种，它一年四季均可播撒。

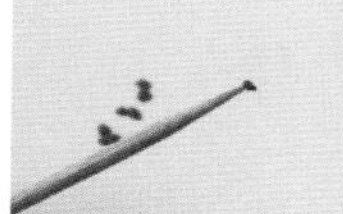

2 找一个一次性容器作为花盆，在底部打几个排水孔。然后，在底部放一些粗大的磨砂土颗粒，再放入培养土。接着，往土上喷洒一些水，再用沾过水的牙签将种子一粒一粒地放入土中。

3 无需覆土，直接喷水再盖上保鲜膜，使土壤在植物发芽前始终保持水分充足的状态。最后，别忘了将植物放到阳光充足的窗边。

生长
这里展示了植物从发芽到开花的过程。

生长

1 在20℃的环境下，只需1~2周即可发芽，子叶圆润而带有光泽。在真叶长出3~4片之前，要注意在每次表土干燥时充分浇水。

2 当真叶长出4片时，即可换盆。如果你一开始就将它们单个种在小花盆中，现在就无需换盆了。

3 现在，植物长出了小小的花苞。这段时期会不断生出侧枝和新叶，要特别注意通风，否则容易导致病虫害的滋生。

4 现在，花朵纷纷绽放。开花期间，要尤其注意为植物补充营养。推荐的做法是每隔2周喷洒一次液体肥料或直接放一些固体肥料在土壤中。

移植
这里介绍了各种花草的移植方法，比如扦插、分盆、球根繁殖等。

扦插繁殖 （也可以水培）

1 洋凤仙的扦插方法非常简单。首先，斜切下一段长度约为成人手指长的枝条，只保留最顶端的3~4片叶子。

2 找一个花盆，在底部铺一层磨砂土作为排水层，再用筷子戳出几个用于扦插的小洞。

3 将枝条一一插入小洞中，充分浇水。然后，注意在每次表土干燥时浇水。

4 只需1~2周，植物就会生根发芽。1个月后，植物就会长出花苞。

栽培的关键一是控制湿度！二还是控制湿度！

洋凤仙一旦处于不利环境中，就会停止生长和开花。在各种不利环境中，过干和过湿是最具杀伤力的。因为这两种情况都会使植物变得脆弱，无法抵御病虫害的侵袭，出现叶片枯萎、花苞凋落等症状。所以，我们一定要严格控制土壤的湿度，使植物长期处在适宜的湿度条件之下。主要方法有：1.将培养土和磨砂土以1:1的比例混合，增加土壤的排水性能。2.每当表土干燥时就立即充分浇水。

阳台园艺 TIP

- 最适合生长在每天日照时间为3~4个小时的半阴地。在酷暑季节，应该将植物移到阴地。
- 生长速度很快、侧枝多，所以不能种得太密集，否则会影响植物通风。当在一个花盆中栽种多株时，应该保证每株植物间有10厘米的间距。
- 终年处于开花期，所以格外需要营养。最好每隔2周喷洒一次液体肥料或每隔1~2个月放一次固体肥料。
- 抵抗病虫害侵袭的能力较弱。在干旱环境下容易受沙蝇、桑蓟马等害虫的侵袭，在过湿环境下则容易染上白粉病、灰霉病等。所以，要时常注意观察植物的健康状况，争取早发现、早治疗。

103

这里介绍了养花时需要特别注意的一些事项。即便是同一种花草，也会因品种的不同而需要不同的栽培方法。

阳台园艺TIP
这里介绍了播种、栽培、移植过程中的一些小诀窍。

阳台上大部分的花草都可以在一年中任何一个时间播种。
并且只要外部条件适宜，许多花草都可以在任何时间开花。
下面是书中所介绍的花草的“最佳播种时机”。

平均发芽温度20~25℃，1~2月间栽种需在室内进行

◍播种 ◉开花 ★第二年开花

	1	2	3	4	5	6	7	8	9	10	11	12	发芽条件
翠菊			◍	◍	◍		◉	◉	◉	◉	◉		
菊花		◍	◍						◉	◉	◉	◉	
喇叭花			◍	◍		◉	◉	◉	◉	◉			
美丽月见草				★	★	★			◍	◍	◍		
迷你鸡冠花		◍	◍		◉	◉	◉						
万寿菊			◍	◍		◉	◉	◉	◉	◉	◉		
百日草		◍	◍	◍	◉	◉	◉	◉	◉	◉			15~20℃
凤仙花			◍	◍	◍	◉	◉	◉	◉	◉			
鼠尾草			◍	◍	◍	◉	◉	◉	◉	◉	◉		
大花马齿苋			◍	◍	◍	◉	◉	◉	◉	◉			25℃以上
千日红		◍	◍	◍		◉	◉	◉	◉	◉	◉	◉	
大波斯菊			◍	◍	◍	◉	◉	◉	◉	◉	◉		
向日葵		◍	◍	◍		◉	◉	◉	◉	◉			
金鱼草			★	★	★	★			◍	◍			需光发芽 10~15℃
秋海棠		◍	◍	◍			◉	◉	◉	◉	◉		需光发芽 25℃以上
非洲凤仙花			◍	◍	◍	◉	◉		◉	◉	◉	◉	需光发芽
三色堇	★	★	★	★	★				◍	◍			需暗发芽
石竹			★	★	★	★			◍	◍	◍		

	1	2	3	4	5	6	7	8	9	10	11	12	发芽条件
报春花	★	● ★	● ★	★	★								需光发芽 15~20℃
康乃馨				★	★	★	★		●	●			
金盏花		●	●		◎	◎	◎	◎					
薰衣草			●	●		★	★						需光发芽 20~30℃变温
罗勒			●	●		◎	◎						
甘菊	●	●	●		◎	◎	◎						需光发芽
旱金莲	●	●	●		◎	◎	◎	◎	◎	◎	◎		
柠檬香蜂草		●	●	●		◎	◎	◎					需光发芽
胡椒薄荷		●	●	●		◎	◎						
勋章菊		●	●			◎	◎	◎	◎	◎	◎	◎	需暗发芽
五色梅			●	●	●		◎	◎	◎	◎	◎	◎	
美女樱		●	●	●		◎	◎	◎	◎	◎			需暗发芽
长春花			●	●	●		◎	◎	◎	◎	◎		需暗发芽 25℃以上
天竺葵		●	●	●				◎	◎	◎	◎		需暗发芽
风铃草			★	★	★	★			●	●			需光发芽
矮牵牛花		●	●	●		◎	◎	◎	◎	◎	◎		需光发芽
大岩桐	●	●					◎	◎	◎	◎	◎		需光发芽 25℃以上
花毛茛				★	★	★			●	●	●		10~15℃
仙客来	★	● ★	● ★	●									需暗发芽 15~20℃
含羞草				●	●		◎	◎	◎	◎			25℃以上
紫薇		●	●				◎	◎	◎				

STEP 1

一起来，打造阳台花园

几年前，我家的阳台不过是一个普普通通的阳台。如今，这里却成为了全家人最喜爱的地方。因为我把它改造成了一座花园。

通过打理花园，我感受到了植物的神奇力量。一颗比米粒还小的种子可以开出大大的花朵，一根不起眼的小枝条最后也可以变成一株枝叶繁茂的小树。与植物相伴的日子充满了喜悦与热情，生活不再单调乏味，一家人也有了可以享受片刻宁静的美好空间。

“阳台花园”是家中的一块宝地，它可以让你足不出户就感受到四季风情，品尝到自然芬芳。如果你家的阳台正一片空荡，那何不试试将它改造成一座专属于你的美丽“治愈系”花园呢?

打造阳台花园的7大好处

❶ 让你的心灵更平静。

阳台花园是一个充满魔力的地方。你只要坐在这里喝一杯咖啡，静静地欣赏一番周围的植物，便会感觉到内心的平静。每当你结束一天忙碌的工作，回到家中，它又会帮你赶走周身的疲惫。你可别以为这是我在吹牛，要知道在很多国家，“园艺治疗法”已经得到了认可，成为辅助治疗儿童自闭症、心理创伤、老年痴呆等各种疾病的有效手段。

❷ 让你的身体更健康。

捡拾枯叶、修剪植株、浇水、换盆……这些活儿看起来容易，做起来却颇费力。可它们非但不会带来疲惫，反而会让你更加放松。你可以在打理花园的同时完成健身，说不定还能顺便减个肥，真可谓一举多得。

❸ 比打理庭院更轻松。

在有玻璃窗遮挡的阳台上栽培植物要比在户外花坛、屋顶、庭院中栽培植物容易得多。首先，你无需担心那些永远拔不完的杂草，也不用耗神于防范病虫害。其次，你不用担心暴雨摧残了花枝，也不用害怕花草在梅雨季节腐烂，就算是台风来临，也只要窗户一关就万事大吉。再次，阳台上少有蜜蜂、蝴蝶等昆虫，可以避免不必要的花粉受精。最后，阳台进出方便，只要有空就可以打理，免受了风吹日晒之苦。

❹ 可以同时栽培一年生植物和多年生植物。

在一年内完成生命周期的植物称为“一年生植物”。但事实上，很多在韩国属于“一年生”的植物都是多年生植物。它们大都来自温暖潮湿的地区，因为无法忍受韩国冬天的寒冷，才不得不在严冬时节死去。我们只要把这样的植物养在相对温暖的室内阳台上，就能使它们恢复“多年生”的本质。对害怕寒冷的植物而言，阳台就是它们的“保护箱”。在阳台上养植物，可以让它们得到更好的呵护哦!

⑤ 秋季更长，花期更长。

在温暖的阳台尤其是朝南的阳台上，即便到了冬天，温度也不会很低。因此，原本11月就已结束的秋天可以在这里一直延续到12月末至1月初。只要保暖措施得当，阳台上的季节甚至可以从秋天直接过渡到春天。

秋季长、冬季短、春季早的阳台是植物最理想的“安乐窝”。在这样的阳台上，春花早早开放、秋花久久不谢，一年到头鲜花常在。即便是在花期延后或寒潮早到的年头，阳台上的植物也不会受到影响，依然会绽放出美丽的花朵。

⑥ 家中的天然氧吧。

众所周知，植物通过光合作用吸收二氧化碳、释放氧气。植物生长的地方就是最天然的氧吧。如果说城市中的氧吧是公园，那么家庭中的氧吧自然就是阳台花园了。阳台上的花花草草既美化了环境，又净化了空气。如果每一个家庭都栽种一些植物，我们的地球一定会变得更加清新美好，我们的身体也会变得更健康。

⑦ 培养孩子的动手能力和感受力。

园艺是一项手脑并用的活动。比起书本或电视，它可以更直接地锻炼孩子的动手能力和学习能力。如果你能在阳台上为孩子开辟一片专属小花园，那就最好不过了。你可以在那里插上写有孩子名字的小标牌，并让他每天写观察日记。这样，他就会在照看那些“属于自己”的植物过程中学会什么是责任。在连游乐场里都不再有沙坑的今天，对于喜欢泥土的孩子而言，还有什么地方比阳台花园更有魅力呢？想象一下，孩子们用幼小的双手照料植物的样子该是多么可爱呀！

你了解阳台吗？

在正式开始打造阳台花园之前，你必须先搞清楚一件事，那就是阳台的环境。如果你对自家阳台一无所知，就一股脑儿地将自己喜欢的花花草草搬进去，最后肯定会以失败而告终。正确的做法是先了解阳台的朝向、阳光的照射情况和室内温度之后，再决定栽培何种植物。这样，成功的几率就会大大提高了。

❶ 东西南北，你家的阳台是哪个朝向呢？

在阳台园艺中，朝向是一个十分重要的概念，因为它决定了阳光的照射量。没有阳光，植物就无法存活。对那些需要近似于直射光线的喜阳植物而言，长时间待在阴冷潮湿的地方只会让它们衰弱、生病甚至枯萎。

现在，就请你拿出指南针，确认一下自家阳台的朝向吧！没有指南针也无妨，你可以直接在手机里下载一个指南针应用。

朝东

对于习惯在每天早上出门前给植物浇水的忙碌上班族而言，这是一个最好的朝向。但这种阳台只在上午有阳光，日照时间较短，不利于植物生长。所以，如果你种了什么刚发芽的新植物，就最好在每天下午把它们搬到阳光充足的其他窗口。

朝东的阳台适合栽种白鹤芋、常春藤等观叶植物，酢浆草、仙客来等也是不错的选择。

朝南

朝南阳台的优点在于从早到晚都有阳光照射。但缺点也十分明显，那就是在太阳位置较低的冬季，阳光过于充足；在太阳位置较高的夏季，阳光又很难射入。因此，在朝南的阳台上，植物往往到了冬天长得很快，到了夏天，虽然免受烈日煎熬，却因阳光照射不够而变得虚弱多病。因此，为了让植物更均衡地接收光照，我们应该适时地调整植物的摆放位置。

在朝南的阳台上，春秋季节开花的植物可以开出特别灿烂的花朵，夏季开花的植物却无法盛放；4月以后播种的幼苗在这里很难健康发育，9月以后播种的幼苗却会茁壮成长。另外，在这样的阳台上种植冬季蔬菜是不错的选择。

朝南的阳台适合大部分植物生长，尤其是黄金柏、多肉植物、天竺葵、矮牵牛花、百日红等喜阳植物。

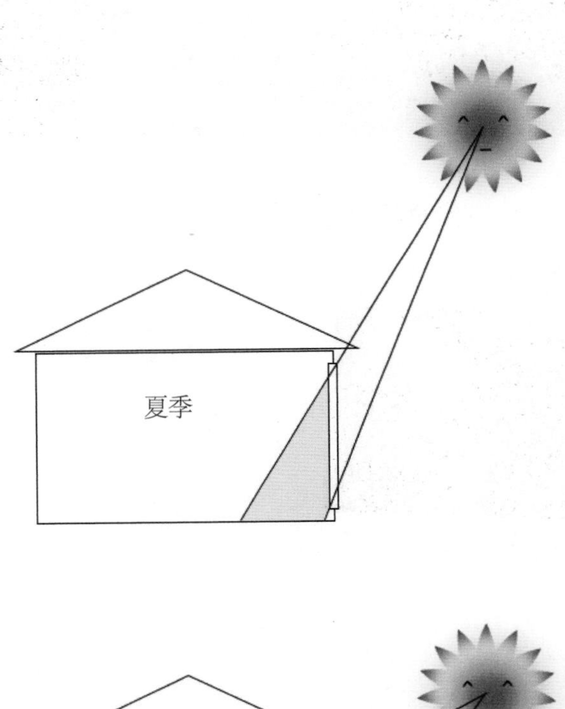

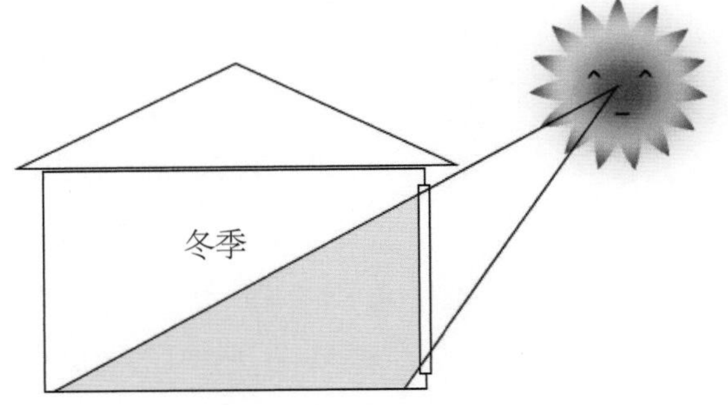

东南向

每天上午至下午1点左右有阳光照射。与朝南的阳台相比日照较少，但光线充足，同样适合植物生长。在这个朝向的阳台上，每个季节的光照都会有所不同。所以，应该留心观察光照情况，适时调节植物的摆放位置。

适合栽种的植物有非洲凤仙花、秋海棠、千里香等不喜欢强烈阳光的植物。

西南向

每天中午12点左右至落日前有阳光照射。春秋季节午后阳光充沛，但冬季的上午格外寒冷。与东南向的阳台一样光线比较充足，适合大部分植物生长。不过在寒冷的冬季要格外注意保暖，最好在夜晚和白天上午将植物用报纸或塑料膜包裹起来。

适合栽种的植物有紫薇、青麻、长春花、马樱丹等。

西向

每天下午2~3点左右开始有阳光照射。虽然日照较少，但光线还算充足，适合观叶植物生长。不过，对于开花植物而言，这样的环境太过阴冷。如果实在要养开花植物，就要时不时将花盆移动到阳光更充足的窗口去。

虽然可以栽培适合生长在半阴地的非洲凤仙花、秋海棠等植物，但可能长势不会很好。另外，由于这个朝向的阳台夏季格外炎热，每到夏季需要格外注意植物的防暑。冬季应该将植物移入室内。

北向、室内等阳光不足的地方

这些地方非常不利于植物生长。虽然夏季比较凉爽，但空气湿度过高。冬季更是过于寒冷。如果实在想养，就养一些喜阴的空气净化类植物或蕨类植物吧。有空的时候应该尽量将植物搬到屋外晒晒太阳。

推荐南洋杉、绿萝等耐阴耐潮的植物。

② 阳台上的温度

每一种植物都有适合生长的温度范围，即所谓的“生长适温”。如果周围温度远远超过或达不到生长适温，植物就会有生命危险。你可能想不到，很多阳台夏季的温度会超过40℃，在冬季温度又会低至零下。在这样的气温条件下，植物难免会出现中暑、受寒等现象，如果我们不适时进行一些处理，植物就会黯然死去。因此，我们最好在阳台上放一支温度计，时常观测温度状况并对夏季和冬季的温度进行记录。这样到了第二年，我们就能提前准备、轻松应对了。哪怕你再懒，也一定要记录好阳台的冬季温度。这样，你才能为植物过冬做好充分的准备，使它们平安无事地迎来下一个春天。

③ 通风非常重要

对于植物来说，除了阳光和温度之外，还有第三个重要环境因素——通风。良好的通风可以使新鲜的空气进入阳台，避免土壤过于潮湿，并防止各种病虫害的发生。另外，风中的水分还可以使植物结出更美丽的果实，甚至带来一些惊喜的新苗。通常阳台上的窗户都很大，只要我们长期把窗户打开，就不必为通风的问题费心了。不过在梅雨季节和寒冬，长期开窗并不是那么现实，这时候我们就要具体情况具体应对了。比如到了梅雨季节，为预防植物发霉，我们应该时不时将风扇搬到阳台上吹一吹。到了冬天，我们应该在白天开窗1~2个小时，保证最基本的通风。在夜晚有霜冻的时期，为了防止霉菌滋生，我们应该尽可能开窗。另外，如果阳台铺的是水泥地板而非瓷砖地板，就更容易滋生潮气，所以就要更加注意通风和防潮了。

四季园艺之道

对于正准备开始园艺事业的新手而言，现在肯定有许许多多的困惑摆在面前。“我到底应该从何做起？”、“我这么做可以吗？”、“要是失败了怎么办？”……

别担心，你只要一点一点阅读本书，按照书中介绍的方法去实践，就一定能在将来成为园艺高手。到时候，你就能拥有一座专属于自己的、生机勃勃的美丽花园啦。

❶ 春天——积蓄能量的季节

春天是百花齐放的季节。在这个美好的季节里，身为园丁的我们应该做些什么呢？

首先，如果我们养的植物已经开花了，那就别乱动它，静静欣赏花朵的绽放之美。因为已经开花的植物比较敏感，随意乱动很可能使它们生病甚至死亡。如果我们养的植物还没开花，那就要对它们进行更加细心的照料。对于这些刚刚战胜严寒、从沉睡中苏醒过来的植物而言，目前最需要的东西就是营养了。所以，我们要对它们进行分盆，再适当施肥。分盆可以改善植物的生长环境，使它们的根、叶、花更加健康。小花盆最好1年分盆一次，大花盆2~3年分盆一次就够了。如果植物的根部尚未填满整个花盆，暂时不需要分盆，我们就直接施一些肥，让植物更有活力。

扦插移植也是一件最好在春天里完成的事。这是因为春天气候温和，万物复苏，非常适合新植物的生长。

另外，在春天醒来的不光是植物，还有虫子。所以，我们也不能忘了预防病虫害。

最后，别忘了在春天最重要的一件事——播种。通过播种，你可以看到植物从发芽到开花的整个过程，感受那份无与伦比的生命喜悦。从花店买回来的植物怎么可以与自己亲手养大的植物相提并论呢？

② 夏季——与高温潮湿作战

潮湿炎热的夏季对于植物来说是一场严峻考验。绵延不断的梅雨可能会让它们腐坏，随之而来的酷暑又可能会使它们饱受烈日的煎熬。因此，我们就别指望让植物在夏季为我们带来什么了，因为它们早已是“自身难保”。我们要做的就是尽量改善它们的生存环境，使它们稍微好受一些。

为了避免阳台在夏季成为蒸笼，我们应该时常大开窗户。如果阳光实在太强，就挂上蕾丝窗帘之类的遮盖物。另外，植物在夏季很容易显得干瘪无力，但我们千万不能因此而盲目浇水，否则很可能导致植物过湿而死。要想确认植物是否真的缺水，就要经常用手摸一摸泥土，确认深层土壤是否足够干燥。

夏季也是病虫害滋生的季节。所以我们要在每次浇水的时候为植物好好地“洗澡”，检查它们身上是否有害虫或异常状况。

③ 秋季——恢复与成长的季节

当酷暑过去、清晨黄昏开始有阵阵凉风吹来时，饱受炎热煎熬的植物就会渐渐恢复元气了。不少植物都会在这时候开始生出新叶、开出花苞。随着植物生命力的恢复，我们就更需要为它们补充营养了。如果你没来得及在春天为植物分盆，那就趁现在赶紧动手吧。另外，在空气湿度下降的秋天，我们要更加注意浇水。为了不让植物干渴，我们要在每次表层土壤干燥时及时浇水。

如果植物在这时候出现感染病虫害的症状，我们就要用杀虫剂、杀菌剂等进行处理。等它们的症状好转一些后，我们还应该使用蛋黄油之类的天然杀虫剂进行彻底杀菌。

在秋天，我们还应该对植物进行修剪，使它们以更清爽的姿态迎接寒冬。

最后，我们还可以在秋天进行播种。那些要经历过寒冬才能开花的2年生植物和多年生植物都必须在秋天播种。郁金香、葡萄风信子、水仙花等球根植物也应该在秋季栽种。

④ 冬季——为植物过冬做好充分准备

与户外花园相比，阳台花园在冬天相对比较温暖，也不容易有霜冻。但到了严冬时节，阳台也难免会面临极寒的威胁。所以，我们应该在阳台放一支温度计，一旦发现气温低于10℃，就要立刻为植物做好过冬准备。一般来说，阳台靠近室内一边的温度要比窗边高出1~2℃。所以，我们首先应该将窗边的植物搬到靠近室内的区域，以避免植物受冻。其次，我们还应该确认自家阳台的最低温度，并了解阳台上每一种植物的最低生长适温。只有做到了这些，我们的植物才能战胜严寒。

TIP 阳台花园防寒措施

1. 确认阳台冬季最低温度和各种植物的最低生长适温。
2. 将需要在10~15℃的较高温度下才能过冬的植物搬入室内。
3. 将最低生长适温高于阳台最低温的植物也搬入室内。
4. 将窗边的植物搬到房间附近。
5. 如果阳台比较透风，就要提前做好防风措施。
6. 将容易受冻的植物用报纸包裹起来。

植物过冬准备工作

如果你家的阳台比较透风，那就更要彻底做好防寒措施了。首先，用大型塑料布从底部开始封住窗户的三分之二。这样做既可以抵挡风雨入侵，又能保证窗户随意开关。如果你不喜欢把窗户捂得太严实，也可以只用封条或胶带将窗缝封起来。如果你连这也不喜欢，那就只有用报纸、塑料布等裹住大花盆，再用泡沫盒子或纸盒等在夜间盖住小花盆了。

过冬温度

10°C以上

大岩桐、金钱树、龙血树属（千年铁、百合竹、幸运树等），花叶万年青、含羞草、紫罗兰、虎尾兰、绿萝、旋果花、槟榔树、火鹤花、海芋、圣诞红、福禄桐、网纹草、蝴蝶兰等。

5~10°C

橡胶树、蕨类（波士顿蕨、铁线蕨、大叶井口边草等）、果子蔓、君子兰、马利筋、麒麟花、蝴蝶兰、金鱼花、鸭跖草、杉树、天使泪、飘香藤、龟背竹、秋海棠、垂榕、番茉莉、珊瑚树、萨热藤、瑞典常春藤、白鹤芋、仙客来、莎草、合果芋、金雀花、长春花、非洲凤仙花、碰碰香、花叶冷水花、长寿花、咖啡树、彩叶草、球兰、迷你椰子树、豆瓣绿、绣球花、香水草、金叶鹅掌藤等。

0~5°C

蟹爪兰、富贵竹、令箭荷花、 观音竹、栀子花、珊瑚草、山茶花、马樱丹、离子苋、迷迭香、络石、万两金、文殊兰、白丁花、披针叶红千层、叶子花属、爱情草、冬青卫矛、苏铁、小菊、花蔓草、南洋杉、朱顶红、观赏苘麻、常春藤、杜鹃花、夜来香、丝兰、黄金柏、茉莉、吊兰、天竺葵、千两金、千里香、风铃草、萼距花、铁线莲、八角金盘、夹竹桃等。

怎样将阳台花园装扮得自然而不失精致

我理想中的阳台花园应该是自然而不失精致的。
在那样的花园中，哪怕你用手机随便一拍，都能得到充满艺术感的美丽照片。
你是不是也想拥有充满自然气息的精致花园呢?
秘诀就是充分利用随处可见的日常用品!
它们可是绿色植物的最佳拍档哦!

玻璃瓶

我经常在旧货市场淘一些喜欢的玻璃瓶。玻璃瓶这种东西好像就是为花草而生。你只要往里面盛一些水，再放些绿色的枝条进去，它就成了一件清新自然的装饰品。很多绿色植物都可以放在玻璃瓶中水培，所以它不仅好看还很实用哦！

水果箱子&生鲜箱子

DIY爱好者们钟爱的木箱在园艺界同样广受欢迎。木箱虽朴素无华，却总是散发出浓浓的自然气息。每次我到回收站去“寻宝”的时候，都期待找到几个心仪的木箱。不过，捡来的箱子比较粗糙，通常都需要打磨处理之后才能使用。如果你捡回家的是装过生鲜的箱子，最好先把它放在稀释过的消毒水中浸泡一夜，再拿到阳光充足、通风良好的地方晒一个星期左右，最后进行一番打磨，就可以放心使用了。你还可以在木箱上画一些美丽的图画，写一些可爱的小字，那就更完美啦！

编织装饰品·花布

我们经常可以在国外的园艺杂志上看到许多编织装饰品和花布，它们可以让花园更显缤纷浪漫。每当潮湿闷热的梅雨季节来临，你就可以在花园的小木桌上摆放一些编织装饰，再在小花盆下放上精致的花布。这样，整个花园的气氛就会一下子变得清新明快起来。别忘了，白色编织品与绿色植物是绝配哦！

篮子

篮子是园艺装饰的必备品。它不仅与绿色植物相得益彰，还可以演绎出许多不同的风格。木质篮子散发着清新，铁质篮子充满了复古感……你可以在篮子底部铺上塑料布，直接栽种植物，也可以将许多风格不一的小花盆放入篮子中，使它们看上去更和谐。

铁皮 & 搪瓷等

铁制、搪瓷容器也是装扮美丽花园的利器。不过铁质容器价格不便宜，拿来做园艺装饰难免有些浪费，所以我们通常选择的是铁皮容器。铁皮虽然过于闪亮，但胜在价格便宜、结实耐用。你可以在10元店之类的地方轻松买到带把手的铁皮篮子。

开始吧，
在你的阳台花园里种花

园艺必备工具，你都有了吗？

❶ 园艺必备工具

“我要打造属于自己的阳台花园！”

当你下定决心开始园艺事业时，是否已经准备好各种必备工具了呢？花店、网店里销售的五花八门的园艺产品是否已经让你眼花缭乱？别着急，接下来我就会将各种园艺必备工具一一介绍给你。

植物 & 种子

没有植物，何谈园艺？所以，你要做的第一件事就是到附近花店选购一种最喜欢的植物。你可以直接买盆栽，也可以买种子。虽然网店、大型花市的植物价格更便宜，但它们通常是批量销售的，而对于初学者而言，同时管理多株植物太不容易。所以，我建议你别太贪心，先从养好一株植物开始吧。等你渐渐掌握了技巧，再多买一些回来也不迟。别忘了，美丽的花园可不是一天建成的。

花盆

通常，花店里的植物都是装在廉价的塑料花盆中，而且其中大部分都处于根须过多、急需换盆的状况之中。所以，我们在买好植物之后一定要准备好新的花盆。如果你是园艺新手，那我建议你先在家里找一些现成的容器当花盆。外面卖的花盆虽然更好看，但价格绝不便宜，对于新手来说难免有些浪费。对了，换盆之后剩下的塑料花盆也不用扔掉。好好把它们收起来，指不定什么时候还能派上用场呢！

土壤

看到这里，你一定会说：“土还需要买？直接到外面挖一点回来不就行了吗？”可事实上完全不是这样！因为外面的土看上去再干净，都难免会有一些虫卵、病菌之类的有害物质。如果直接用它们来栽花，就无异于将这些有害物质带到了家中。所以，我们一定要使用经过杀菌处理的“换盆专用土”或“园艺专用培养土”。其中园艺专用培养土土壤颗粒小、排水性和透气性好，非常有利于植物生根发芽，最适合用来栽种幼苗和小型植物。一般的花店和网店中都可以买到这些专用土。

花铲

花铲是一件十分常用的园艺工具。每当我看到好看的花铲时，总是忍不住买回家。不过，选购好花铲的要点可不是看外表，而是看是否结实耐用。毕竟，花铲可是要用来做铲土、松土这些粗活的。

剪刀

种花之后我才知道，剪刀在园艺事业中的重要性绝不亚于花铲。修剪枝叶、枯花的时候要用它，扦插移植的时候也要用到它。那种可以轻松剪掉粗枝的园艺专业剪刀当然是最好的。要是你买不到也没关系，用普通的剪刀也完全没问题。

TIP 去哪儿买？

上面所提到的这些园艺工具在花店、花市、网店、大型超市、十元店等许多地方都可以买到。你可以加入一些园艺QQ群或贴吧，从前辈那里打听一些有口碑的店铺，以免上当受骗。如果你对质量没有太高要求，那么十元店无疑是最好的选择。虽然十元店里的东西比不上花店、花市里的东西那么专业，但对新手来说已经足够了。杀虫剂、杀菌剂等园艺必备药品可以在花市城专门的网店购买。

寻找现成的园艺工具

❶ 家中的现成花盆

当你开始购买园艺工具时，很快就会发现它们并非想象中那么便宜。虽然网店帮我们解决了大问题，但源源不断的园艺支出还是难免会造成负担。不过，我们可以在“花盆”这一项上省下一大笔钱。因为家中很多没用的容器甚至是垃圾都可以变身为漂亮的花盆。

一次性塑料容器

矿泉水瓶、牛奶瓶、饮料瓶等生活中最常见的东西都可以变身为花盆。不过，透明塑料瓶上容易生苔藓，影响植物的生长，所以我们最好用黑色的塑料袋将它包起来，或者选用颜色深一些的瓶子。

铁皮罐

饼干罐子、奶粉罐子、玉米罐头、易拉罐等铁皮容器绝对是打造阳台复古风的利器。如果它们不小心生锈，还会散发出“垃圾艺术”的独特味道来。不过，铁皮罐很容易渗出锈水，所以千万别忘了在花盆下面垫接水盘。如果你实在不喜欢看到它们生锈，就用清漆将它们的外部仔细刷一遍。如果你用的是易拉罐，还应该将整个顶部小心剪开。最后，别忘了用榔头和钉子在花盆底部凿几个排水孔。

一次性纸盒

装牛奶、豆奶、饮料的盒子虽然是纸制品，但防水性能很好，拿来种植物不成问题。不过，它们时间一长就会变软，所以最多只能用几个月时间。等它们“退休”以后，我们还可以把它们拆下来烧掉，制成天然肥料。

塑料袋

密封袋、快递袋、水果袋等结实的塑料袋同样可以变身为上好的花盆。而且现在的塑料袋做得越来越漂亮，装饰效果也是很好的。

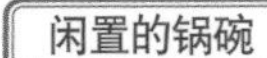

闲置的锅碗

想必你家中也有一些闲置的锅碗吧？它们明明完好无损，却因为种种原因被抛弃在了储物间。现在就是它们“重出江湖”的时候了。也许它们已经不适合拿来煮饭盛菜，但当作花盆却是刚刚好。你只要在每个锅碗的底部凿好排水孔，就能使它们变身为阳台花园的一分子！如果你不愿意在它们身上打孔穿洞，就用它们来装各种水培植物吧！

泡沫盒子

泡沫盒子大大小小各种型号都有，又相当结实，拿来做花盆是最好不过了。而且它们具有很好的保温效果，特别适合在冬天使用。

篮子

在篮子底部铺上一层塑料布，再装上泥土，就可以栽种植物了。需要注意的是普通篮子的底部很容易发霉，所以最好是选择有涂层的。

② 环保园艺小工具

一次性勺子・叉子

吃完快餐、冰淇淋剩下的塑料勺子是非常实用的园艺小工具。它们既可以拿来制作植物小标签，又可以用来打理幼苗和泥土。在换盆的时候，大一些的塑料勺子可以用来抚平泥土表面的凹凸不平。在花盆里的泥土变硬的时候，勺子还可以用来松土。

草莓篮子

韩国每到草莓上市的季节，我们就会在水果市场里看到许多装草莓的红色塑料篮子。这种篮子虽然很浅，但面积较宽，非常适合做园艺工具。你可以将个头较小的一年生花草全部栽进这种篮子里，也可以拿它当大花盆的接水盘或是多肉植物的挂篮。另外，它还可以用于扦插、底部浇水等。

木筷·面包袋扎绳

木筷在园艺中的用途十分广泛。它既可以用作植物支撑架，又可以通过组合粘贴制作成灭蝇纸搭架，还可以用来作植物标签的小插杆等。另外，面包袋上的扎绳也可以用来固定植物、制作各种小架子。

婴儿水瓶·一次性注射器

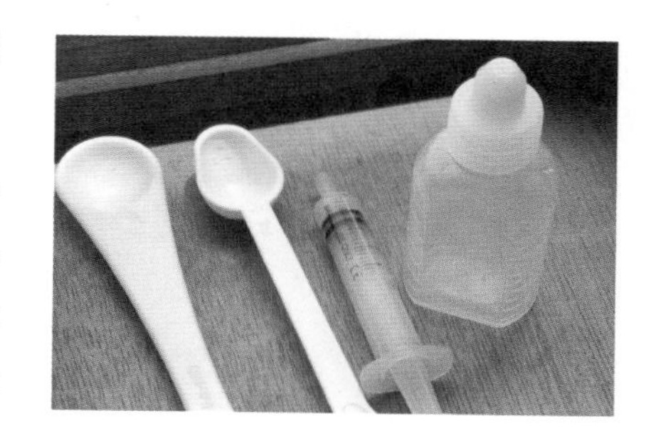

很多液体肥料、农药的说明书上都会写“一次使用XX毫升”、“一次使用XX克”。这种文字是不是很让人头疼？别担心，只要有了带刻度的婴儿水瓶，这个问题就可以轻松解决啦！除了婴儿水瓶之外，带刻度的儿童糖浆专用勺也非常有用，可以帮助我们精确把握粉末状肥料的用量。同时，一次性注射器也是一种很好用的园艺小工具。它既可以轻松提取液体，又可以把用量控制到最小。如果你家里没有这些东西，就找那些当妈妈的朋友要一个吧！反正只要是有孩子的家庭，绝对少不了这些东西。

泡沫块

泡沫箱子不仅可以当作花盆，还可以掰成小块制成排水层。虽然石头、磨砂土也可以制作排水层，但它们和泡沫相比太重，保温性能也不够。泡沫还有一个优点，那就是不吸水，所以泡沫防水层可以有效防止植物过度潮湿。

洋葱网袋·丝袜

如今，超市里卖的大蒜、洋葱、土豆都是装在网袋里。这些网袋你可千万别丢！因为它们是最好的花盆防水网了，比市面上卖的防水网更能有效地阻挡土壤流失。另外，它们还可以用来清洗磨砂土、保管植物球根等。同时，破洞的丝袜也可以用来做防水网。

小镊子

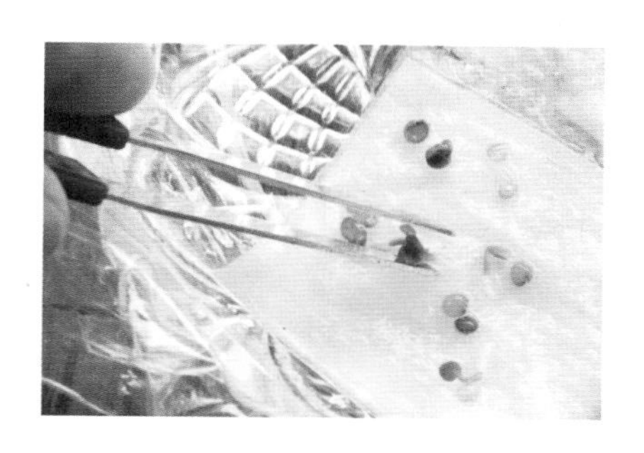

当植物的根部长满整个花盆时，我们就需要将植物连根取出进行换盆了。但有时候植物的根部塞得太满，很难直接从花盆里取出来。这时，小镊子就派上用场了。我们只要用它松一松花盆边缘的土壤，再轻轻地摇晃一下整个花盆，就可以在不伤害根部的前提下将植物轻松取出。另外，小镊子还可以将缠绕在一起的根部轻松地解开。除此之外，它还可以用来抓取幼苗、修剪多肉植物枯叶、捉虫子等。

塑料瓶大变身

播种容器

用来种植新苗

底层浇水花盆

从下至上浇水

悬挂式花盆

栽种藤蔓植物，挂在花台上。

泥铲

用牛奶瓶做的铲子

洒水壶

用来给植物洗澡

扦插

扦插后保持湿度

节假日浇水

利用渗透压原理进行自动浇水

花盆底部空气流通

放在花盆底部以改善通风

植物标签

用牛奶瓶制作的植物标签

关于播种的一切

每当我把阳台上的开花植物及其成长过程的照片放在博客上时，总会有许多人留言：

“哇！想不到这么漂亮的花竟然来自这么小的新苗！真是太不可思议了！”

事实上，就连我自己也总是为植物的神奇生命力而惊叹不已。

看着如此多美丽的植物就在自家阳台上一点点长大，一点点开花，

有时候我也禁不住问自己：这一切不是梦吗?

要想让你的阳台开满鲜花，并非想象中那么复杂。

哪怕你没有丰富的园艺知识和经验，也可以做到。

来吧，现在就和我一起播下希望的种子！

❶ 仔细阅读包装袋上的说明

在播种之前，我们应该首先了解关于种子的讯息，比如应该几月份栽种、用怎样的方式栽种、在怎样的温度条件下才会发芽、成长所需的温度条件是怎样、什么时候开花等。一般来讲，只要你仔细阅读了种子外包装上的说明，就能了解个七七八八了。如果你买的是散装种子，又或者包装上没有详细说明，那就到网上的种子专卖店去了解一下吧。如果你仍旧有不明白的地方，还可以到种子公司或国外种子专卖店的网站上去寻找相关讯息。虽然阳台上一年四季可以播种，但并不是每种播种成功的植物都能在第一年开花。

❷ 使用园艺专用培养土

播种的时候，一定要使用园艺专用培养土。只要是市面上出售的专用培养土，任何一种都没问题。值得注意的是，有时候混合了鸡粪、猪粪的肥料土也会标示为“培养土”。我们在购买的时候应该留心看一看包装袋上是否标示了“以泥煤苔和椰子壳泥炭为主要成分”，如果没有写，那就可能是肥料土了。

❸ 先在小花盆中播种，再移植到大花盆

“先播种再移植，这不是多此一举吗？”事实上并非如此。首先，小花盆播种比大花盆播种更保险。要知道种子的发芽率各不相同，幼苗夭折的情况也时有发生，如果直接养在大盆里，很可能造成不必要的浪费。你可以用酸奶盒之类的小容器当花盆，等植物长出3~4片叶子之后，再移到大花盆中。这样，栽培成功的几率会大大提升，植物也会更健康。其次，小花盆便于管理，浇水也更轻松。你不用花什么力气就能将它们搬到阳光充足的地方，还可以很直观地看到不同种子的生长状况，然后只选择长势较好的进行栽培。最后，使用小花盆大大节省了空间，不会使原本就狭窄的阳台更加拥挤。不过，并不是所有的植物都适合小花盆播种。像那些根部粗壮的“直根类植物”就不喜欢中途“搬家”，我们要么只能将它们先逐个放在不同的发芽容器中培养再整株移植，要么就只能直接将它们种在大花盆中。

别忘了，播种对植物来说至关重要。它们只有在这个阶段得到良好的照顾，才能在日后开出美丽的花朵。

❹ 播种前先浇水

大部分的种子都很小，有的甚至细如沙粒。如果我们先播种再浇水，这些种子就很可能会被冲到土壤深处而无法发芽。因此，我们必须把浇水放在播种之前，保证土壤完全湿润。如果你用来栽培的土壤是存放已久的培养土，那就更要注意充分浇水了。因为这种土不管保存得多么完好，都难免大量风干。风干的培养土无法很好地吸收水分，容易导致种子发芽失败。

❺ 用牙签来播种

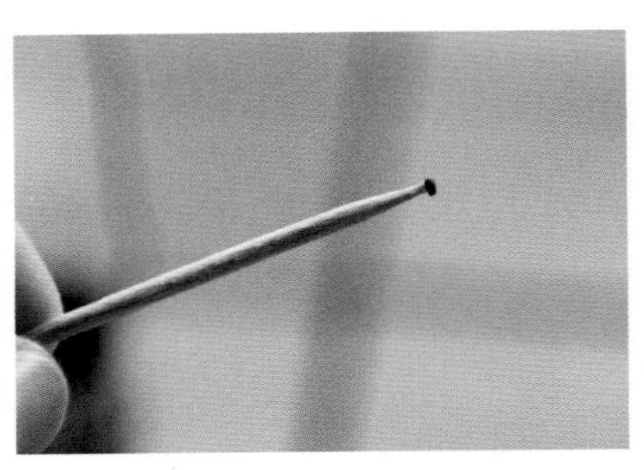

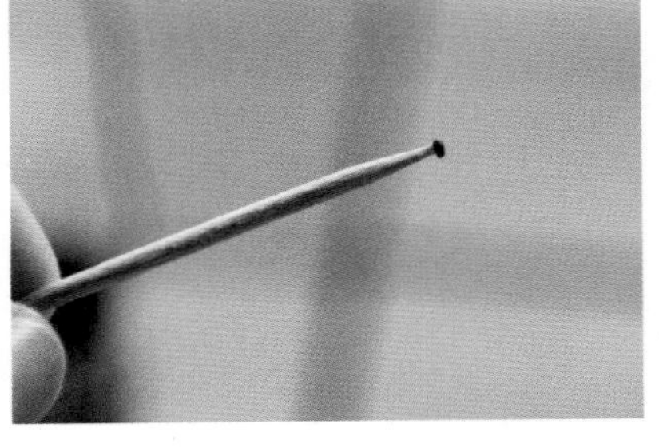

你知道吗？很多植物的种子小到一口气就能被吹走。要播种这样的种子，最好的方法当然是一大把撒下去。但如果你手头的种子数量不多，就最好用牙签来播种了。首先，用一个小碗装一些水。然后，将种子撒在水面上。接着，用牙签的尖部轻轻地挑起种子，再将种子放入土壤中，注意不要放得太深，种子之间要留出一定的间隔。最后，用喷雾器往花盆里喷一些水，就算大功告成了！

❻ 光线、温度和水分都很重要

每一类种子发芽所需的条件都不相同，所以我们应该在播种前认真了解相关讯息。在光线下才能发芽的种子称为“需光发芽种子”，在与光线隔离的环境下才能发芽的种子称为“需暗发芽种子”，在低温下才能发芽的种子称为“低温发芽种子”，在高温下才能发芽的种子称为“高温发芽种子”。影响种子发芽的三个因素分别是光线、温度和水分。其中，水分对植物来说尤为重要。如果没有水分，植物根本就无法发芽。所以，我们一定要记得在播种之后适时浇水，保证土壤的湿润度。为了防止水分蒸发，我们还可以在播种容器外面罩上保鲜膜。要注意的是，一定别忘了在保鲜膜上戳几个洞，否则种子就会被闷坏啦。

⑦ 乱长是正常的，所以壅土是必须的！

“你们这些小家伙，怎么老是长得歪歪扭扭的呢？”

快别埋怨你的植物了，它们为了在阳光并不充足的阳台上生存下来，已经竭尽全力了。我们应该认识到，阳台上的植物长得乱七八糟是非常正常的情况，所以在栽种的时候就要注意在各株植物之间留出适当的间隔，保证它们“不打架”。如果植物实在长得太不像样，我们可以用干净的土壤将长歪的部分掩埋起来。如果可能的话，最好将土壤一直盖到子叶的下端。像这样在不完全覆盖植物的前提下填充土壤的做法称为“壅土”。在播种的时候，我们就应该注意别将土壤填得太满，以免日后没有足够的空间壅土。

⑧ 别忘了插上育苗签

用相似的容器播种，或是一次性播下许多不同种类的种子是很容易混淆的。到时候，连你自己都不知道冒出来的新芽都是些什么植物了。因此，我们应该在播种前制作好育苗签，写清楚每种植物的名称、播种日期，甚至是种子的播撒数量，以便轻松掌握各种植物的生长动向、发芽率等。买一大堆育苗签会不会太贵？没关系，我们可以自己动手做。喝剩的塑料瓶、吃完的冰淇淋勺子都可以轻松变身为育苗签。

⑨ 用化妆棉来做发芽率测试

种子保存的时间越长，发芽率就越低。但是几年前买来的种子，连包装都没打开过就直接扔掉，是不是有点太可惜了呢？没关系，我们可以把这些旧种子放在化妆棉上做发芽率测试。首先，将化妆棉充分浸湿之后放入碗中，再在上面铺上种子。如果你家中没有化妆棉，用纸巾、手绢、厨房纸等来替代都是没问题的。接着，在碗上覆盖一层保鲜膜，静静等待种子发芽。最后，别忘了时不时检查碗中的水是否充足。用这种方式播种可以很直观地看到种子的发芽状况，成功率也相当不错。有时候，一些在土里播种总是失败的植物用这种方法往往可以成功发芽。

TIP 什么是播种前处理？

播种前处理听上去挺复杂的，其实一点儿也不难。我们刚刚提到的水培种子就是播种前处理中的一种。除此之外，播种前处理还包括导入水处理、低温处理等。如果种子中有抑制发芽的物质或是表壳太坚实而难以发芽，我们就可以对它进行导入水处理。例如，莲花的种子非常厚实，我们只有通过磨砂纸打磨、指甲剪修剪等方式让它的外壳变薄一些，才能使水分进入。另外，如果种子需要经过一个寒冷的冬季才能发芽，而阳台上的温度又不够寒冷，我们就需要对种子进行低温处理。具体做法是在碗里放一张浸湿的毛巾，再把种子放在上面，最后用保鲜膜盖住，在冰箱里放上2~3个月，再放入土里栽培。当然，你也可以直接把种子撒进土中，再把整个花盆放进冰箱里。有的植物可能会在低温下发芽，所以你要是哪一天看到家里的冰箱长出新苗了，可千万不要惊讶哦！

一次性餐具变身播种容器

专业的园丁在一次性大量播种的时候会使用市面上销售的播种专用容器。但我们一般人就没必要花那个钱了，因为生活中到处都有可以变身为播种容器的东西呢。

鸡蛋盒子

泡沫饭盒

水果塑料盒

铝罐

卫生纸卷芯

报纸

酸奶盒

外卖汤盒

纸杯

播种优于扦插的7大理由

① 减少病虫害

如果直接从外面购入扦插栽培的植物，很可能会将植物上的害虫也一起带回家。而采取播种栽培的话，滋生病虫害的几率就会小很多。像温室白粉虱、千足虫等花园常见害虫在播种栽培的植物身上都很难见到。

② 更好地了解植物特性，让植物更健壮

“纸上得来终觉浅”，凡事总要自己亲身实践才会深有体会、久而不忘。这个道理放在园艺中也同样适用。当我们亲手播下种子，看着植物一点一点地发芽、开花、结果，自然而然就会对这种植物的特性有深刻的把握。另外，从小在家里长大的播种植物省去了辛苦适应环境的过程，自然比买来的扦插栽培植物长得更快、更结实。

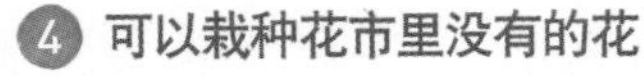

③ 方便分享

不论你是直接购买种子还是从栽培的花中取种，在播种完成之后，难免会剩下一些种子。这时，将种子分给好友邻居或是园艺同好，无疑是最理想的做法。和植物相比，种子可谓是非常便于分享。你只要将它们装进信封，便可以轻松寄出。举手之劳换来浓浓情谊，何乐而不为呢?

④ 可以栽种花市里没有的花

说实话，韩国的园艺产业发展比较落后。很多在国外十分常见的植物在韩国却难见踪影。如果你想购买的种子在大型花卉市场都没得卖，或者是有得卖却太贵，那就只有去国外的大型网站或园艺专卖网站上购买了。“海淘”其实一点也不难，更何况种子体积那么小，过海关基本不会出问题。

⑤ 有计划地播种，使阳台四季花常在

要想让你的阳台四季花常在，就要提前做好播种计划。在做计划之前，必须搞清楚的问题有：阳台的环境如何、什么季节适合播种什么花、想要播种的花是一年生还是多年生、哪些花只在春天开、哪些花一年开两季等。在按照计划开始播种之后，可能会经历一些失败，但等你有了足够的经验之后，就能一年四季轻松自如地管理植物了。

与户外花园相比，阳台花园更容易打造出四季花开的美景。这是因为阳台较少受到梅雨、暴雨、酷寒等各种灾害的侵袭。在打造阳台花园的过程中，你不必完全按照教程来做，而应该利用所学知识进行各种各样的尝试。只有这样，你才能摸索出一套完完全全适合自家阳台的园艺之道。

⑥ 自然发芽带来的惊喜

为植物浇水的时候，我们总会时不时发现一些不知名的新苗。它们可能来自从花里掉落的种子，也可能来自那些不知道什么时候播种失败的种子。它们有时候甚至会开出美丽的花朵，给你一个大大的惊喜。而这种意料之外的收获，正是植物为辛勤播种的园丁所准备的贴心礼物。

TIP 如果实在难以播种？

如果某种植物的种子实在难找，或者是太难播种成功，那就选择扦插或买现成的吧。外面卖的植物分为两种，一是播种长大的，二是扦插长大的，你要注意区分。如果你在春季去花市购买，可以看到许多不同规格的花苗。有装在黑色培植盘中的新苗，有装在塑料小盒中高约5~7cm的幼苗，还有种在塑料花盆中高达10cm以上的成株植物。成株植物是最适合初学者的，它们随处都可以买到，而且大部分已经成熟甚至开出花苞，相对比较好养。最后，观叶植物的幼苗一般很难买到，如果你想养的话就只有买成株植物或找几株回来自己扦插了。

怎样选一株好盆栽？

幼苗选个头小的

个头小、茎杆粗、枝节短是幼苗充分接受了光照的证据。相反，如果幼苗的个头大、茎杆细、枝节长则说明没有很好地吸收阳光。在新苗阶段长得好的植物长大之后也会更健康。所以一定要记得选个头小的幼苗。

根部结实的

将花盆拿起来，轻轻地摇晃一下。如果植物没有跟着摇晃，就说明根部长得比较结实。相反，那些有病在身、根部瘦弱的植物则会摇晃得很厉害。如果你通过这个方法还是不能作出判断，那就将花盆拿起来，看看底部的排水孔。如果有少许根部从排水孔中冒出来，则说明根部很健康。不过需要注意的是，根须太长也不是好事，说明植物应该换盆了。如果你对换盆并不是那么在行，就别冒险买这种根须过多的植物了。

没有病虫害的

在购买之前，一定要仔细查看植物叶子的正反面有无害虫、虫卵等。如果是已经开花或有花苞的植物，还要确认花朵或花苞的形状是否正常。另外，别忘了看看土壤中是否有透明的幼虫。同时，叶子上是否有白色粉末、靠近土壤的叶子上是否有褐色霉点等都是需要注意的地方。如果以上各项均无异常，则可以放心购买。

STEP 3

记住啦，爱护植物的5大秘诀

浇水

“我明明有好好浇水，为什么它们还是死了呢？”

自从开博客以来，我就收到了许多这样的提问。事实上，这些植物大部分不是干死的，而是涝死的。

给植物浇水的基本原则是——“等表土干燥时才浇”。这一原则不论在寒冬还是炎夏均适用。

① 用手摸一摸土壤

“浇水三年功”，这句话想必大家并不陌生吧？的确，植物至少要经过3年滋养，才能正式“长大成人”。而浇水的诀窍就在“勤动手指”。手指是我们了解浇水时机的重要工具。欧洲人将用手指测试浇水时机的做法称为“Finger Test”（手指测试）。手指测试的具体方法就是将一两根手指放入花盆的土壤中再拿出，从手指上附着的泥土来判断是否应该浇水。按照教程的说法，浇水应该遵循的基本原则是“表土干燥时才浇”、“土壤表层发白时才浇”等。但这些说法对初学者来说有些难以理解，所以你不妨直接学习手指测试法，这样就能保证浇水不失误了。

湿润的土壤（左侧）和干燥的土壤（右侧）

湿润的土壤

干燥的土壤

② 切忌一次浇一点

浇水的时候，一定要“一次浇个够”，也就是达到排水孔中有水流出的程度。“每次一点点”的浇水方式对植物而言百害而无一利，长期下去必然会导致烂根。你一定要问了，这是为什么呢？这就要从浇水的目的说起了。事实上，浇水并非单纯地为植物“解渴”，而是为了给花盆中的土壤提供氧气、促进废物和多余养分的排出。适当的浇水可以让土壤保持健康，使植物的根部更加结实健壮。因此，我们在浇水的时候一定要从“头”浇到“尾”，保证土壤充分湿润。

③ 别忘了，植物也有故乡

无论走多远，我们身上永远保留着故乡的印迹。植物也和人一样，有着浓浓的故乡情结。原本生活在潮湿地区的植物始终喜欢潮湿，原本生活在干旱地区的植物始终适应干旱。如果你不确定某种植物应该如何浇水，不妨看一看它们在原产地是怎么生活的。这样，你就能轻松掌握它们的喜水程度了。

④ 偶尔需要进行底部浇水

从上至下浇水是最普遍的做法。但有时候，植物也需要进行底部浇水，即从下至上浇水。当你碰到那些叶片不宜沾水的植物、当有植物因为忘记浇水而干枯、当你要旅行或出差而很长时间无法照顾植物时，底部浇水就派上用场了。底部浇水的方法非常简单。首先，往有一定高度的花盆盆垫中浇水，直到花盆中土壤的最表层也达到湿润状态。然后，将剩下的水倒掉。你还可以用塑料瓶制作底部浇水专用花盆。像紫罗兰、大岩桐、食虫植物、仙客来等都是非常适合底部浇水的植物。

⑤ 浇水时，别忘了使用这些工具

喷壶

猛地浇一大杯水，只会让花盆中的土壤渐渐变硬，导致土壤中空气变少，最终影响植物的根部健康。因此，我们应该选择更温和的浇水工具——喷壶。我们最好选择带花洒的喷壶，尤其是那种壶嘴特别长、花洒可拆卸的专业喷壶。专业喷壶的好处在于既可以给植物“洗澡”，又可以拆掉花洒进行土壤浇水。另外，最好在浇水前一天就将水放入喷壶中，以便去除自来水中的氯成分。

喷雾器，压缩喷雾器

喷雾器可以用来为绿叶洗澡，也可以用来喷洒液体肥料、药物等，还可以用来为新苗浇水。浇水和喷洒药物的喷雾器最好分开。不过虽说喷雾器这玩意不贵，但一买买好几个还是有点心疼呀！所以，我们不妨从生活中寻找一些现成的喷雾器吧。比如纤维除臭剂、驱蚊香水等用完之后剩下的瓶子。

对于喜欢空气湿度高的植物和新苗而言，经常用喷雾器洒水是必须的。

另外，压缩喷雾器适合用来为整个院子的植物喷洒药物。

调料瓶

用花洒浇水，一不小心就会将新苗冲垮。看着那些刚刚苏醒的新苗就这么倒下，真是让人心疼！更何况有的种子买得那么贵，发芽又那么难！不过，只要有一个调料瓶在手，你就再也不用担心这种状况的发生了。有的调料瓶上还有刻度，可以让你轻松掌握浇水量或用药量，实在是非常好用。

6 放假期间&外出期间如何浇水

每到休假或旅行时，一想到家中无人照看的植物，是不是有点揪心呢？别担心，下面就为你介绍几种“自动浇水法”。

在花盆接水盘上进行底部浇水

用湿润的报纸将植物包裹起来

用毛巾将植物和水盆连接起来

用液体肥料空瓶制作自动浇水器

自制植物输液装置

用塑料瓶制作自动浇水器

换盆

不少人在换盆的时候一点儿也不敢碰植物的根部，生怕一碰植物就会生病甚至死去。事实上，换盆正是修剪根部的最好时机。只有剪掉旧根，才能让植物长出更容易吸收水分和营养的新根，才能保证植物的健康。新买来的成株植物尤其需要修剪根部。这是因为它们大部分的根部都已经绕成了一团，如果不好好修理，即使是换盆也达不到应有的效果。再加上缠绕在根部的旧土和新土又不同，很容易造成水分吸收困难或过度吸收，导致植物干死或涝死。换盆的时候，最好剪掉植物根部的三分之一左右。不过，正在开花的植物一定要等到花谢之后再进行换盆或根部修剪。

❶ 换盆需要准备的东西

换盆土或园艺专用培养土+磨砂土

园艺专用培养土

换盆的时候，既可以选择换盆土，也可以使用园艺专用培养土。不过，园艺专用培养土是为那些需要高度保湿的幼小植物所设计，如果拿来栽培成熟植物，难免会有过于潮湿的缺点。另外，培养土中的养分对成年植物来说也是不够的。因此，在用培养土换盆的时候，我们最好在土里混合一些磨砂土，并用磨砂土在底部制作防水层。通常，在培养土中混合20%~30%的磨砂土是比较合适的。而那些尤其害怕潮湿的植物则最好使用混合了30%~40%磨砂土的土壤。而栽培多肉植物时应该将土壤中磨砂土的比例提升到70%左右。

磨砂土

磨砂土

为了提高土壤的排水性能，我们应该在培养土中混合一些磨砂土，并用磨砂土在花盆底部制作排水层。磨砂土有小颗粒、中等颗粒和大颗粒的。小颗粒的适合用来混合培养土或栽种多肉植物，中等颗粒的适合用在小花盆，大颗粒的适合在换盆时制作排水层。

铲子、滤网、鹅卵石等

铲子用来挖土和埋土，鹅卵石、小石子、泡沫用来制作排水层，剪刀用来修剪植物根部，镊子用来帮助植物的移出，滤网（用洋葱袋子、丝袜等制作）用来盖住排水孔。

② 基本换盆方法

首先，选择一个大于现有花盆的花盆。

接着，在大花盆底部铺上滤网，防止土壤从排水孔中流走。

然后，用磨砂土、鹅卵石、泡沫、小石子等材料制作排水层，防止植物根部过湿。

将植物小心地从现在的花盆中取出。如果取不出来，可以敲一敲花盆的外壁。

在新花盆中装一些土，再将植物放入土中。注意要将植物放在花盆正中央，再绕着植物一点一点加土上去。

将土壤加至与花盆同高，就算完成了！最后，别忘了充分浇水直到有水从排水孔中流出。

施肥

花盆中土壤的养分会随着时间而流失。在换盆2~3个月之后，我们就应该对土壤的营养状况进行检查。其中，四季常开花的植物尤其需要定期补充营养。

① 植物需要补充营养的信号

植物需要补充营养的信号包括：底部叶片变黄、整体颜色变浅、难结出花苞或果实、花朵变小、叶片变小、停止生长、茎干变软、叶尖发黑等。由于感染病虫害、过湿、温度不适等情况也会引起类似的症状，我们要仔细观察、认真分析才能辨别引起植物异常的究竟是哪一种因素。

② 施肥最好在春秋两季进行

植物最适合吸收营养的季节是春季和秋季。每到这两个季节，植物的根部就会恢复活力与生机。相反，夏季和冬季是不适合施肥的。这是因为在这两季植物本就不堪重负，“进补”只会让它们更加疲惫。这就和我们人类在身体差的时候吃什么补药都难以吸收是同一个道理。所以，我们一定要避免在夏冬季节和植物休眠期施肥。如果植物在这些时间段出现严重的营养不足，我们也只能将稀释过的液体肥料轻轻喷洒在叶片上。

③ 常用肥料

液体肥料

液体肥料的使用方法是按一定比例稀释之后喷洒在植物的叶子上。这种肥料的最大优点在于见效快。但它的药效持续时间很短，需要我们以1~2周为间隔连续施肥，所以消耗得很快。最近，有的商家还推出了直接插在土中使用的点滴型和无需稀释的喷雾型液体肥料。

固体肥料

固体肥料的使用方法是直接撒在土壤表面或埋在土中，这样在我们每次浇水的时候，肥料就会逐渐融化于土壤中发挥效果。常见的固体肥料有黄色颗粒型、白色颗粒型、多色混合型、黑色有机肥等，它们的优点在于吸收快、效果好，缺点在于化学性太强，容易引起植物营养过剩。在换盆的时候，我们可以将固体肥料按一定比例混入土中，使土壤更加肥沃。

肥料土，腐叶土和粪土

肥料土通常是由鸡粪、猪粪等混合制成。它的包装通常都和园艺专用培养土很像，所以我们买的时候要格外注意区分。虽然它的气味很难闻，但营养价值却是顶呱呱的。我们可以在栽种植物前3~4天将它混入培养土中，这样既可以保证土壤营养，又可以使难闻的气味自动挥发。

腐叶土顾名思义是由腐烂树叶形成的土壤，大量存在于山间田野。那我们是不是可以直接使用外面的腐叶土呢？当然不能了！因为这些土中很可能含有大量的虫卵和有害细菌。正确的做法是到花店购买经过加工消毒的腐叶土。

④ 仔细阅读使用说明

市面上销售的各种化学肥料和天然肥料都有各自不同的使用方法。液体肥料要按怎样的比例去稀释、固体肥料一次用量是多少、应该隔多久用一次等问题都需要我们通过仔细阅读包装上的使用说明来获得解答。

另外，肥料包装上常见的10-10-10之类的数字组合其实是代表了氮、磷、钾的含量。氮（N）、磷（P）、钾（K）是植物生长所必须的三大营养物质。氮可以让植物的叶子更绿，磷可以让植物开花结果，钾则可以让植物的根部更健壮。在购买肥料的时候，我们可以根据自家植物的需求来选择相应比例的肥料。

⑤ 在生活中寻找天然肥料

鸡蛋壳——优化土壤、补充钙质

将蛋壳上的白色薄膜去除，放在阳光下晒几天，再充分粉碎，就可以放入土中作肥料了。这种肥料可以中和酸性土壤，而其中的主要物质“碳酸钙”更是可以促进植物的营养吸收。如果你懒得晒蛋壳，也可以直接将去膜的蛋壳弄碎，放在平底锅上翻炒，等变凉之后再充分粉碎。另外，鸡蛋壳还可以用来制作植物补钙剂。首先，将充分粉碎的鸡蛋壳与食醋按1:2的比例混合，搅拌起泡，直至看到蛋壳中的碳酸钙溶解析出。等泡沫完全消失之后，用过滤网对液体进行过滤，最后将其以1:500的比例与水混合，就可以用来喷洒在植物叶片上了。用火烧过的贝壳、龟壳等也有与鸡蛋壳类似的效果。

淘米水——无机物与矿物质

不少人听说淘米水好，就直接将刚淘过米的水用来浇花。殊不知未经处理的淘米水很可能导致霉菌滋生，引起植物生病。所以，我们一定要使用经过发酵的淘米水肥料。这种肥料的制作方法是：首先，倒掉第一遍的淘米水。接着，将第二遍和第三遍的淘米水装在1.5升的塑料瓶中，加入“EM原液20g+黑糖20g+盐适量”，静置2周左右的时间。在这段时间里，淘米水会不断发酵，并产生气体，所以我们不能将瓶子装得太满，并且要每隔2~3天开瓶放气一次，注意放完气要迅速盖紧瓶盖。2周后，淘米水就会散发出类似于米酒的香味，说明已经制作成功。最后，将淘米水肥料以1:500的比例与水混合，就制成了液体肥料。（注：EM是一种发酵液，在大型超市均有销售。）

咖啡残渣——蛋白质与无机物

最近，越来越多的人爱上了喝现磨咖啡。但磨完之后剩下的咖啡残渣是不是一点用都没有了呢？当然不是了！咖啡中含有大量植物生长所必需的营养物质，是非常理想的肥料。如果你家不喝咖啡，也可以到咖啡店去问一问，现在不少店都会将咖啡残渣低价出售呢。咖啡肥料的制作方法非常简单。首先，将湿润的咖啡残渣放在旧报纸上，晾干。接着，将干燥的残渣与土壤按1:9的比例混合，就算完成了！如果你担心残渣发霉，也可以将它与EM原液混合进行发酵后再使用。

木炭——防止酸化

木炭可以有效防止土壤过酸、吸收保留营养物质，其本身富含的矿物质又能帮助植物生长。想一想，你的家中是不是也有某次户外烧烤之后剩下的木炭呢？又或者冰箱里有没有用太久的木炭除臭剂呢？快将它们统统收集起来，充分粉碎之后与土壤混合吧。这样，它们就会从废物变身为一级棒的土壤改良剂。

油渣——氮与有机物

油渣就是提炼植物油之后剩下的残渣，在农贸市场的鲜榨油坊可以低价购得。要是遇到好心的店主，说不定还会免费送你一些呢。油渣肥料的制作方法是：首先，将充分粉碎的油渣与黑糖、淘米水发酵液以1:1:5的比例混合，密封3周时间。其间，记得每天对它进行一次搅拌。接着，等它成功发酵之后，以1:500的比例与水混合，就制成了液体肥料。这种肥料可以使变黄的叶子恢复绿色。

米糠——磷

要想植物开出灿烂的花朵、结出健康的果实，就要让它们充分摄取“磷”这种营养物质。而米糠制成的肥料就是最好的磷补充剂。这种肥料的制作方法与油渣肥料相同。只不过它的发酵时间只需要一个星期。

防治病虫害

与户外花园相比，阳台花园受病虫害侵袭的几率要小得多。但由于空间比较闭塞，一旦病虫害成功入侵，必然会造成严重影响。因此，我们每次浇水的时候都要认真给植物做清洗，并仔细检查叶子正反面是否有异常。早期病虫害并不可怕，直接用清洗、擦拭的方法即可消灭。所以，我们一定要及早发现、及时处理。

① 常见病虫害

沙蝇

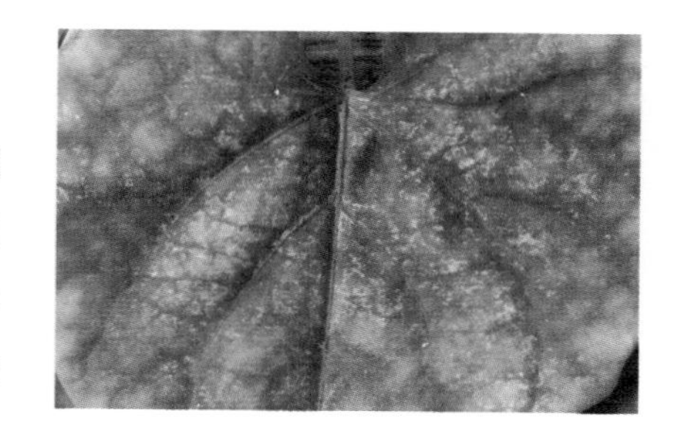

体型只有针尖大小，肉眼很难看到。它们喜欢吸食植物叶片上的汁液，破坏叶绿素，导致叶片上出现许多白色斑点。如果它们大量繁殖，还会在枝叶间结网。一旦发展到了这种程度，就很难消灭了。因此，我们要在叶片出现异常的第一时间采取措施。另外，长期使用同一种杀虫剂会使沙蝇产生耐药性，最好选择几种不同的药剂交替使用。

桑蓟马

这是一种长约1~2mm的小型昆虫，喜欢藏在花朵或新芽中，行动十分敏捷。如果你发现家中植物的新芽变得畸形，或是花朵、叶片上出现黄白色的斑点及黑色分泌物，就很可能是染上这种虫害了。

介壳虫

如果你发现家中植物的叶片上出现许多粘稠的液体，那多半就是感染上介壳虫了。如果茎节间出现棉絮状物质，就说明是白色的粉状介壳虫。如果看到枝条上有闪闪发亮的东西，那就说明是褐色介壳虫。褐色介壳虫很不容易发现，一定要仔细观察。

粉虱

这是一种白色会飞的昆虫，卵和幼虫呈半透明，通常藏在叶子背面。它们大部分生活在农村，很少出现在城市居民楼中。但它们一旦出现，就会使大片植物受侵害。所以，我们一定要在发现之后及时处理。

蚜虫

蚜虫有绿色、黑色和红色的，主要藏在叶子的背面和新芽中。繁殖期为5~6月，属无性繁殖，繁殖速度非常快。在杀灭时注意要交替使用不同药物，否则蚜虫会产生耐药性。

鼻涕虫

鼻涕虫通常是跟随植物进入家中或自己从户外爬进来的。叶子一旦被它们爬过，就会变得残破不堪。它们白天喜欢在花盆底下休息，所以我们一旦发现叶子出现异常，就要仔细检查花盆底部。要想抓住它们，可以在花盆旁边放一根黄瓜，等它们被引诱出来再一举拿下。

TIP 记住啦！杀虫剂要每隔5天喷一次，连续喷3次

很多昆虫的一生都要经过卵—幼虫—蛹—成虫这4个阶段。大部分的园艺专用杀虫剂都是针对成虫设计的，对幼虫或卵却效果甚微。因此，即便我们成功消灭了成虫，也无法阻止幼虫和卵的生长。要想彻底消灭害虫，需连续喷药。害虫的平均生命周期为5~7天，所以我们应该每隔5天喷一次药，连续喷3次。

白粉病

每当高温降临或寒潮来袭的时候，植物就很容易感染上白粉病。这种病的症状主要出现在叶表、枝干和花朵底部，主要表现为大量白色粉末，严重时甚至形成大片白色的烟灰。长期感染白粉病的植物即使在喷药治疗后依然会留下黑色疤痕。要想治愈这种病，就要每隔7天对植物喷一次药，连续喷2次。

灰霉病

在通风不佳的阳台上，植物很容易感染灰霉病。不开窗的冬天、湿度过高的梅雨季节就是这种病最活跃的时期。如果你发现植物的根部附近和叶片底部出现萎缩，就很可能是感染了灰霉病。为预防此病，我们要养成定期检查植物健康的好习惯。一旦发现，就要及时进行治疗。

炭疽病

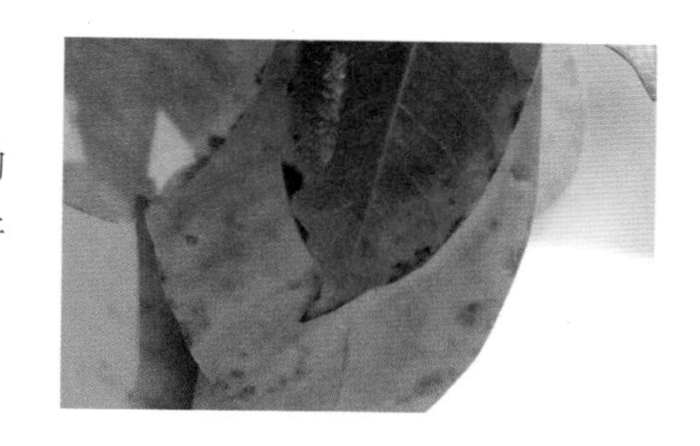

这是一种经常发生在观叶植物身上的疾病。主要表现为叶子上出现圆形的黑点、并向内凹陷。一旦植物感染上了炭疽病，就会大量掉叶，并在发芽、开花、结果等各个生长环节出现问题。

立枯病

原本长得好好的新苗为什么弯下了腰，甚至在一夜之间就倒下了呢？原来，这都是立枯病惹的祸。这种病是由于土壤中的病菌引起，所以我们要在发现的第一时间更换新土，并将旧土扔掉。有时候，你会发现植物身上的立枯病症状自行消失了。这是因为病菌进入了冬季休眠期，等第二年开春，它们还会继续出来搞破坏。所以，不管症状消失与否，感染过立枯病的植物土壤都是不能再用的。

TIP 注意啦，这些可不是病虫害！

非洲紫罗兰的叶子出现斑点
这多半是因为冬季沾了冷水或是沾水之后的叶片被太阳晒过。

非洲凤仙花的叶子变卷
这多半是因为夏季高温和土壤干燥。

② 天然的杀虫剂，就在我们身边

虽然阳台上的植物不是农作物，可一旦染上了病虫害也是要使用各种农药的。只不过俗话说得好，是药三分毒！如果你家中有老人、小孩、孕妇、病人的话，就要谨慎用药了。你可以先试着用擦拭、浸泡等方法来处理，如果仍旧无法消除，就试试用天然杀虫剂吧。虽说它们效果不如农药好，但胜在环保无污染，对植物有益而无一害。需要注意的是，天然杀虫剂必须直接喷洒在害虫身上才会发挥效果，所以用药时一定要充分喷洒、确保没有遗漏。

蛋黄油

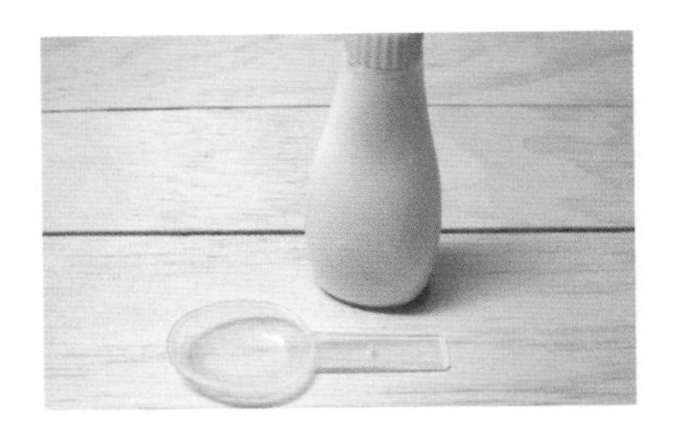

蛋黄油可以用来消灭白粉病，杀灭沙蝇、桑蓟马、蚜虫等害虫。标准制作方法是将一个蛋黄与100ml食用油、20L水混合在一起。但这样做出来的量很大，不适合家庭使用。因此，我在这里给大家介绍一个简化版的制作方法，也就是将2L水和13g蛋黄酱混合在一起。注意比例一定要严格控制，搅拌一定要充分。你可以先将少量水装入2L的塑料瓶中，再放入蛋黄酱使劲摇晃。等蛋黄酱与水完全混合之后，再将剩下的水倒入其中。当瓶中的液体变得像淘米水一样呈米白色时，就说明制作成功了。在撒药的时候，你可以用咳嗽糖浆中配的计量勺来控制用量。如果你只是想制作一些药物来预防病虫害，就将蛋黄酱的加入量降低到8g。需要注意的是，这种药在过冷或过热的温度条件下容易丧失药性。

食醋

食醋可以有效杀灭蚜虫。首先，将食醋和水以3:7的比例混合。接着，将混合液体充分喷洒在植物患处。最后，在第二天用清水清洗患处。

糖浆、白糖

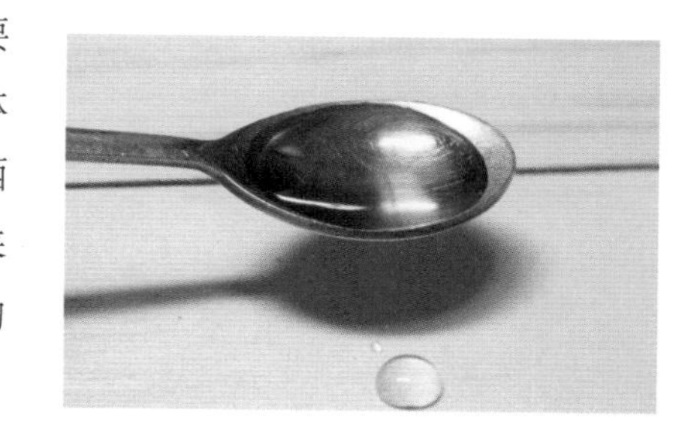

糖浆的粘着性对害虫有很大杀伤力。糖浆农药的制作方法非常简单，只要将糖浆与水混合在一起即可。使用之前，要记得先用手沾一点，确认混合液体是否足够粘稠。使用时，先将其喷洒在植物患处，等过一阵子浇水时再用花洒将患处清洗干净。白糖本身虽然没有什么杀虫效果，但可以与农药配合使用来杀灭桑蓟马。首先，将白糖撒在桑蓟马经常出没的地方。接着，藏在花朵中的桑蓟马就会被白糖的甜味吸引出来。最后，我们就可以对它们喷洒农药了。

洗涤剂

稀释后的洗涤剂有杀菌除害的效果，首先，将半汤勺洗涤剂放入2L水中，充分混合。接着，将它装入喷雾器中，均匀喷洒在植物身上即可。另外，洗涤剂还可以和蛋黄一样，与油、水按一定比例混合之后再使用。

木醋酸液

木醋酸液不光可以治疗脚气，还可以用来治疗灰霉病等植物常见病。每次只需要喷洒一点一点，就能达到极好的效果。同时，每次浇水时只要加入千分之一的木醋酸液，就能达到帮助植物吸收营养、促进植物健康成长的效果。只要植物足够健康，就能靠自己的力量战胜病虫害。

TIP 使用农药前，一定要仔细阅读说明书，认真确认稀释比例。为了方便农药的使用，平时要注意收集有刻度的药瓶、注射器、空塑料瓶等东西。粉末状农药溶化需要一定的时间，所以最好在稀释后30分钟后再进行喷洒。最适合喷洒农药的时间是“阴天傍晚前”，这是因为晴天药物容易晒干，导致药效减弱或植物不良反应，而白天害虫都在休息，即使喷药也达不到效果。所以，在凉风习习、害虫出没的傍晚前或清晨喷洒农药效果是最好的。另外，严寒天气下也不适合喷洒农药，否则可能会导致植物冻伤。

繁殖

与自生自灭的野生植物不同，阳台上的植物大部分都必须在园丁的呵护之下才能繁殖。一是因为阳台上无虫无风难以结出种子，二是因为狭窄的花盆限制了植物的自由生长。在阳台上繁殖植物的方法主要有播种、扦插和分株。

① 播种

播种是最基本的植物繁殖方法。种子最直接的来源就是阳台上的植物。收集起来的植物种子既可以赠予亲朋好友，又可以和孩子一起栽种，何乐而不为呢？如果你家阳台上的植物总是难以结出种子，那多半是没有蜜蜂光顾的缘故。既然如此，你就不妨试试给它们做人工授粉吧。方法很简单，带着刷子、棉签和牙签等工具来到户外，收集一定量的花粉，再将它们沾到自家植物的花蕊上，便大功告成了！只需等待一个月左右，你就能看到自己亲手打造的种子问世了。

人工授粉

所谓人工授粉，就是以人为的方式将雄花的花粉沾到雌花的花蕊上。大部分花朵的雄花和雌花都不是同时开放的。因此，我们至少要等到有一朵雌花和一朵雄花开放时，才能完成人工授粉。A图是用棉签将雄花花粉沾在雌花花蕊上的场景。B图是用棉签沾取雌花花粉的场景。

采种

如果授粉成功，雌花就会在谢落之后出现花蒂膨胀，说明种子开始生长。等到种子完全成熟时，花蒂就会一下子绽开来。大部分花朵的种子在花蒂绽开后仍然会悬在上面。如果阳台上恰好无风，我们就可以轻松将这些种子采集起来。不过，也有一些植物种子在成熟之后会洒落一地，比如凤仙花。要收集这些植物的种子，我们就要在花蒂即将绽开的时候用塑料袋将它轻轻包起来，或是放一个碗在底下。采集好的种子最好放在阴暗干燥处，以便保存较长时间。当然，你也可以将它们放进保鲜袋中存入冰箱。

TIP 你知道F_1种子吗?

所谓F_1就是“first generation”的缩写，即“第一代的种子”。这种种子通过人工授精形成，充分继承了“父母双方”的优点，又被称为“hybrids”（杂交后代）。不过，正如优秀的父母有可能生出资质平庸的子女，F_1种子也不一定就是十全十美的。它们也有可能出现无法发芽、开花、结果等状况。要想获得优秀的F_1种子，就要到专业的种子商店去购买。通过播种F_1种子，你可以收获许多难得一见的漂亮花朵。不过，要是你第二年还想看到这么漂亮的花，就又得重新掏腰包买种子了。

② 扦插

扦插这种方式适合用来繁殖不开花的植物、不结种的植物以及用播种方式繁殖会发生变种的植物。另外，采取扦插繁殖还可以缩短繁殖周期，让新植物更快地“长大成人”。不同植物需要采取不同的扦插方式。有的植物适合粗枝扦插，有的适合新苗扦插，还有的适合叶片扦插。总之，你要根据植物的不同特性去选择扦插方式。

保持湿度很重要!

要想扦插繁殖成功，就要保证足够的空气湿度。这是因为扦插后的植物没有根部可吸收水分，而叶片上的水分总是不断蒸发，如果周围的空气湿度太低，就很容易干枯死去。保持空气湿度的方法很简单，就是在花盆上盖半个塑料瓶或塑料布。对了，外卖餐盒的顶盖也是非常好用的“保湿面罩”呢。

③ 分株

要想增加家中盆栽的数量，分株是最简单的方法。许多植物都会随着开花或年月增长而增加株数，如果放任不管，越来越多的植株就会占满整个花盆。适时分株、换盆不仅可以壮大盆栽的队伍，还有利于植物健康。分株的方法也不难。首先，将植物从花盆中取出。接着，用两手轻轻掰开植物，进行分株。如果植物的根部绕得太紧，就小心地用手梳理一下。大部分植物都不难分株，但也有一些植株缠在一起“难分难舍”，这时我们就可以用剪刀或工具刀直接将它们剪开。事实上，直接用手去扯也没有问题。可能你会觉得这样植物会很“疼”，但其实这对它们来说不算什么，你大可以放心。

将植物从花盆中取出。

轻轻梳理植物根部，进行分株。

将分开的植物种入花盆中。

阳台花草Best 10

❶ 喇叭花

这是一种非常容易养活的花。每到清晨，它们就会像一个个小喇叭般盛开在阳台。它们还会长出一条条纤细灵动的枝条，让你的阳台充满活力。

❷ 迷你向日葵

这种小小的向日葵花即使在日照较少的阳台也能存活下来。你只需要到花店买下一小包种子，就能将整个阳台变成“小向日葵的海洋”。虽然它们总是背对着人面朝太阳，但只要你走近了就会发现，它们无时无刻不在展露着迷人的微笑呢。

❸ 大花马齿苋

这是一种生命力旺盛的瘦小植物，开出的花朵格外美丽。在阳光不足的阳台上它可能无法开出许多花朵，但哪怕只有两三朵也能使整个阳台焕发生机。所以，它绝对是值得一养的好植物呢。

❹ 酢浆草

这是一种球根植物，我们经常也叫它“爱情草”。球根植物素来以“难打理”而闻名，酢浆草打理起来却一点儿也不困难。它一年四季常绿不凋，坚韧而充满活力。看看它那绿油油的叶片，一点儿也不比花朵逊色呢。

❺ 凤仙花

这是一种会根据花盆大小而自动调节体型的植物。即便阳光不够充足，它也会开出美丽的花朵来，用鲜艳的色彩让你的阳台充满生机。对了，你还可以用它的花瓣来染指甲呢。

❻ 天竺葵

这是一种花朵会成簇开放的美丽植物。它分为许多不同品种，每一种的生长特性都略有不同。每到开花季节，它就会让你的阳台变身为美丽的“花球世界”。

❼ 非洲凤仙花

这是一种生长周期短、易于打理的植物，非常适合初学者。它会开出大大的花朵，哪怕寥寥几朵也足够让你的阳台变得灿烂华丽。养好它的秘诀就在于勤浇水。只要它挺过了炎热的夏天，就会用美丽的花朵来报答你。

❽ 迷你万寿菊

它是马路边随处可见的平凡小花，却足以成为阳台花园的主角。它适应环境的能力很强，成长速度非常快，打理起来特别简单。它体型娇小，不会占用太大的空间，所以你一次可以种好几个品种呢。

❾ 绿萝

我向各位新手极力推荐它。它虽然不会开花，却拥有出色的空气净化功能。它便于打理，只要浇水得当就能健康长大。养好了它，你就有信心去养更多的植物了。

❿ 常春藤

它清新貌美，是室内绿色装饰的首选；它坚强耐旱，哪怕你几天忘了浇水，它也不会干枯死去。它分为许多不同的品种，你可以按自己的喜好去选择。别忘了，叶片带花边的品种是最好看的呢。

如果你对养盆栽实在没有信心，那就先试试养水培植物吧。水培植物几乎不用打理，只要适时补充一些清水即可。在干燥季节，水培植物还可以在家中充当天然加湿器。常见的水培植物有常春藤、绿萝、合果芋、白鹤芋等。另外，一些喜欢干旱的植物（比如仙人掌）也是可以水培的呢。

① 玻璃瓶水培

这是最简单的水培方式。只要将一节枝条放入装有清水的玻璃瓶中即可。只需要1~2周，你就能亲眼见证植物在水中生根的神奇画面。当瓶中的水只剩下一半时，就需要进行补充了。另外，每个月至少要换水1次。

② 陶罐中水土混培

水培也可以与土培相结合。将土壤铺在陶罐底部，再装上适量的清水，这样土中丰富的营养物质就会更好地帮助植物成长了。最适合用这种方式栽培的植物莫过于铜钱草。铜钱草生命力十分旺盛，不需几天就能成倍增长。记得当罐中清水减少时，要及时补充。

铜钱草

在陶罐底部放入2~3cm厚的土壤。

将铜钱草从花盆中小心取出，用剪刀减去根部的二分之一。别担心，新的根部很快就会长出来，而且会比以前的更健康。

将铜钱草栽入陶罐中，将洗干净的磨砂土放在土壤之上，以保证土壤不会浮出水面。

倒入清水，直到没过磨砂土。每月用稀释过的液体肥料施肥一次，可以让植物更健康。

③ 茶杯与白石

想必你家中也有那么几个弃之可惜、用之无趣的茶杯吧？现在就是它们派上用场的时候啦。像茶杯这样开口较大的容器非常适合水培植物。为了防止植物倾倒，最好放一些白石在杯底。记得杯中水量减少时要及时补充。

天使之眼

准备好茶杯、植物和白石。如果植物之前是栽种在土中，要记得将根部的土壤清洗干净。

在茶杯底部放少量白石。

放入植物，再放入一些白石以固定植物的位置。

倒入清水，直至没过白石。

④ 水晶土+外卖塑料杯

水晶土是一种含有丰富水分和营养的新型土壤。它在干燥状态下只有小米一般大，经过浸泡后却会变大好多倍。市面上卖的“水晶泥”、“彩色土”都属于水晶土。这种土用起来和清水差不多，平时无须浇水，只要在栽种之前将植物根部的土壤清洗干净、每天记得用喷雾器喷一些水保持土表湿润即可。不过，有一点需要格外注意，那就是不要让底部长期积水。

富贵竹

黄色水晶土，你可以看到它们只有小米一般大。

将它们放进盆中，倒入适量清水。

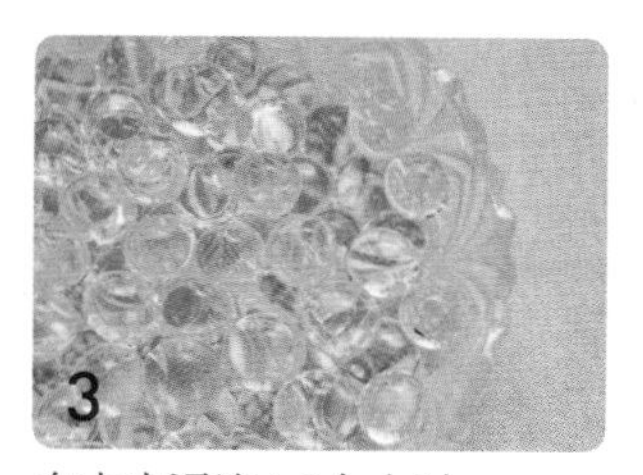

在水中浸泡4~5个小时。

拿到手中看一看，是不是变大了好多？要是扔到地上，它们还会像小皮球一样弹起来呢。

⑤ 带提手的玻璃瓶和木炭

装咖啡或花茶的玻璃瓶总是非常美貌。如果我们再为它们加上铁丝做的把手，那就更是“美不胜收”了。要是再用它们来水培绿色植物，那真是“清新得一塌糊涂了”。我们可以在水中放几块木炭，以省去经常换水的麻烦，达到净化水质的效果。记得瓶中水量减少时要及时进行补充哦!

网纹草

准备一个带提手的玻璃瓶和一些木炭。准备栽种的植物是网纹草。

先将木炭放入玻璃瓶中。

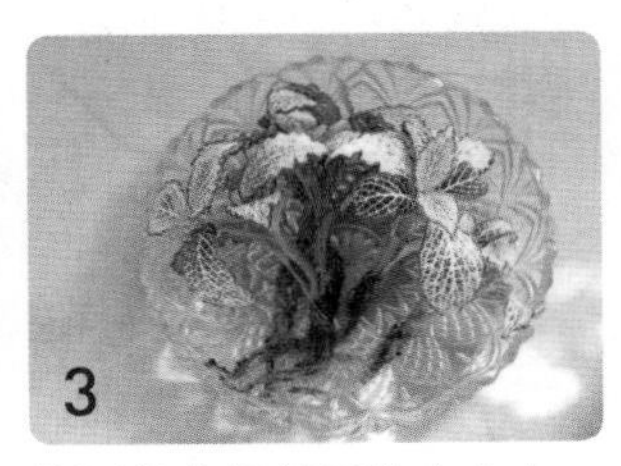

将网纹草根部浸泡在水中，轻轻搅动以除去根部土壤。

先放入植物，再倒入清水。有水之后木炭可能会浮起来，可以用鹅卵石压住。

⑥ 大有用处的坛子盖儿

大大的坛子盖儿可以变身为众多小水培植物的聚集地。左图中，我在坛子盖儿上放了迷你椰子树、富贵竹、合果芋和网纹草。为了防止它们倾倒，我在各个水培容器周围放了许多可爱的鹅卵石。注意如果容器太小，水分会很容易蒸发，一定要记得每天加水。另外，在水中放一些麦饭石可以起到净化水质的作用。

⑦ 水培球根植物

想必你一定见过水培的球根植物吧？像郁金香、风信子等我们熟知的球根植物都是非常适合水培的。市面上的水培球根植物价格都非常昂贵，为了荷包着想，我们可以买土培的回家再自己加工成水培。记得水培的球根植物一定要放在阴凉通风处哦。

风信子

将土培的风信子取出。握住植物轻轻扭转可以使取出的过程更轻松。

将风信子的根部放在水中浸泡30分钟，使根部的土壤更容易脱落。

仔细清洗根部。风信子的根部很光滑，清洗起来并不难。

将风信子的球根放在装好水的玻璃瓶上。注意玻璃瓶的瓶口应该比球根稍微小一些，这样才能保证球根不被水浸湿。

收到的鲜花也可以100%再利用

说实话，我是非常喜欢收到鲜花的。但似乎周围讨厌鲜花的人并不在少数。最近媒体上的一项调查显示，不论男女最讨厌收到的礼物排名第一就是鲜花。我想，这大概是因为鲜花既没有什么实用价值，又太过昂贵吧。可事实上，鲜花并非我们所想的那么一无是处。除了插进花瓶中任人欣赏几天之外，它们能做的还有很多。下面，我就要将如何对鲜花进行100%再利用的方法告诉大家。只要你按我的方法做了，不仅可以不再为鲜花头疼，还能给送花人一个大大的感动呢。

① 尽可能延长鲜花的生命

通常，花瓶中的鲜花不消4~5天就会枯萎死去。但如果你按我下面介绍的方法去做，就能让这个时间变得长一些。首先，将鲜花的包装纸拆掉。不少人为了省麻烦，直接将包装好的鲜花插进玻璃杯，殊不知这是对鲜花的一种摧残。接着，将花枝底部的叶片摘去，再用锋利的剪刀剪掉花枝末端的2~3cm，随后才将花插入瓶中。大部分花朵都喜欢充足的水分，但也有一些例外。比如向日葵、非洲菊等菊科植物就是不喜欢水的，只需将它们花枝底部浸入水中即可。另外，记得一定要将花瓶放在没有强光、强风的地方，并每日换水。别以为这样就完了，最关键的部分现在才来呢！让鲜花寿命延长的最大秘诀就在于它——1元硬币（韩币）！硬币的主要成分是铜，铜可以使水离子化，达到杀灭细菌、净化水质的效果。水干净了，花也就活得更长了。除此之外，在水中滴一两滴食醋也可以起到相同的效果。

② 好好晾干，制成干花

这是一种最传统的鲜花处理法。你可以选择将花束倒挂起来自然风干，也可以选择将它放进装满沙粒的箱子中被吸干水分。第二种方法可以更好地保持鲜花本来的形态。另外，市面上卖的干燥剂也可以替代沙粒发挥相同的作用。

③ 收集种子

花束也可以用来收集种子。首先，在手指上沾一些花粉，抹在各个花朵上。然后，让花在花瓶中自然枯萎。最后，将枯萎的花朵放在阴凉通风处晾干。大概1个月之后，只要你用手轻轻拍打花朵，花瓣就会纷纷掉落，随之掉落的还有外形类似于颗粒冲剂的种子。将这些种子埋入土中，只需3~4个月就会有新苗长出，再过几个月还会开出花来。不过，要想它开得和买来的鲜花一样美，就不太可能了。

④ 扦插繁殖

鲜花只要带有枝叶，就可以扦插繁殖。首先，将枝条斜切，保留三节左右的长度，并剪去最后一节的叶片。然后，在花盆中放入干净的土壤，插入枝条。最后，充分浇水，并注意在表土干燥时及时补充水分。这样，只需要几周时间，枝条就会生根发芽。注意扦插的时候一定要将花朵剪去。

⑤ 巧用鲜花花篮

装鲜花的花篮同样大有用处。首先，在篮子里铺上塑料纸，再用剪刀戳几个排水孔。接着，在篮子中放入适量土壤，便可以栽种植物了。将这些花盆挂起来，既美观又防霉，可谓两全其美。

⑥ 包装纸再利用

鲜花包装纸也是可以再利用的。从花店里买回来的植物大部分都装在破破烂烂的红色塑料花盆中，相信讨厌这种花盆的人一定不在少数吧？你不妨试试将包装纸裹在破花盆外面，相信一定能使它焕然一新。另外，包装纸还可以剪下来作礼物盒里的垫片呢。

⑦ 加工成美丽的压花

还记得那部经典韩剧——《拥抱太阳的月亮》吗？剧中女主人公将美丽的压花贴在信纸上的画面可是让不少人都记忆犹新呢。受此影响，韩国一度刮起了压花信纸的热风。事实上，压花做起来一点儿也不复杂，收到的鲜花就是最好的原材料。你只要将它们压进厚厚的书本中，就算轻松完工了。除了鲜花之外，你还可以将随处可见的三叶草用来制作书签。另外，你还可以把花瓣一片一片摘下来，拼成自己喜欢的图案。如果你手头的鲜花比较大，那就最好买一个压花专用工具来做。试想一下，当你用收到的鲜花制成美丽的压花，再贴在信纸上寄给送花人，那该是多有情趣呀！

⑧ 制成干花花环

鲜花就这样晒干，是不是有点无趣呢？没关系，我们还可以将它们做成漂亮的花环。只要有铁丝和胶水这两样工具就够了。如果你那儿买不到铁丝，就找些小树枝用胶水黏起来做环吧！

PART 1

走进五彩缤纷的花草世界

阳台上的鲜花

如少女面颊般红润粉嫩的

翠菊

难易度
上☐ 中☑ 下☐

分类
一年生

繁殖方式
播种

开花时间
播种后3个月（夏季~秋季）

越冬温度
0℃以上

适宜温度
20~25℃

浇水
表土干燥时一次性把水浇透

阳光
越充足越好

雨后与你闲话花草

“我要在阳台上播种翠菊！”当我讲出这句话的时候，周围人纷纷劝我知难而退。但我还是义无返顾地做了，然后成功了，而且一种就是三个品种。不过，这项“壮举”完成起来并不轻松。刚开始的时候，新苗总是止不住地掉叶。我百思不得其解，请教老手之后才明白，是土壤不够干净的缘故。原来，翠菊是一种对土壤病虫害缺乏免疫力的植物。如果在播种之前不对种子和土壤进行消毒，它就很容易感染立枯病，出现新叶迅速凋落等症状。想不到这路边随处可见的普通小花养起来可一点儿也不容易呢！千万记住啦，种翠菊一定要用消过毒的土或是新土哦！

采集种子

用手指轻抹的方式完成人工授粉。等到花瓣枯萎、子房膨胀时，就可以采种了。

播种　建议在春天至初夏期间播种

1 取一小把种子，注意量不要太多。

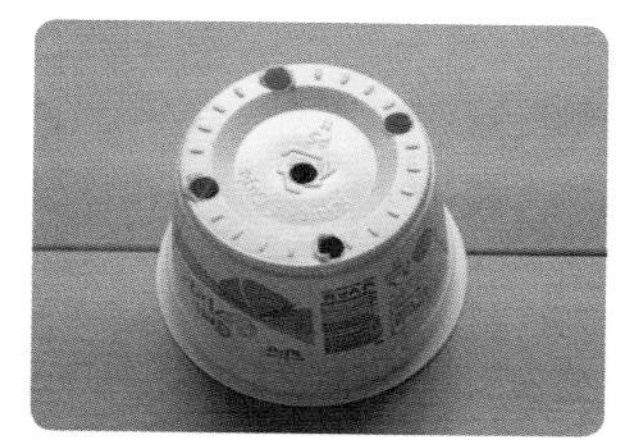

2 找一个塑料杯作花盆，打好排水孔，装入培养土。

3 将种子有间隔地撒入土中，再覆盖一层薄土，最后把水浇透。为保持湿度，应将花盆盖上盖子，放在温暖的地方。

生长

1 7~10天后，新芽就会长出。偶然会出现一些畸形的子叶，但这不影响植物生长。

2 此时，真叶已经长出2~3片。为防止植物徒长，要尽量把花盆放到阳光充足的地方。

3 真叶长出4~5片时，进行换盆。最好不要将几株植物种在一个盆中。

4 更换新土后，植物长得越来越健康了。

5 长花苞的时间到了。最中间的茎部长出花苞后，其他花苞也纷纷冒出来了。

6 现在，花盆中开出了美丽的紫色花朵。如果养在小花盆中，花就开得比较小。如果养在大花盆中，花就开得比较大。

阳台园艺 TIP

- 翠菊非常喜阳，每天需要14个小时以上的日照才能开出花蕾。所以，最好将花盆放在家中阳光最充足的地方。日照不足或过了秋分才播种都会导致无法开花。如果花一直不开，可以将花盆在夜晚移至日光灯下。
- 换盆时，最好在土中混合一些磨砂土，以保证土壤的排水性。另外，翠菊的根部比较脆弱，搬动时要格外小心。最后，别忘了每隔一个月施肥一次。
- 翠菊的高度从15厘米到1米不等。如果想要看到花团锦簇的美丽画面，可以找一个大花盆将几株花栽在一起。
- 翠菊很容易受沙蝇、桑蓟马等害虫的侵袭，平时要注意防虫。

芬芳四溢的秋之花

菊花

花语：纯洁 精致 高贵

雨后与你闲话花草

菊花是历史最悠久的东方观赏植物。在古代，每逢重阳人们便要饮菊花酿造的美酒。这个风俗是怎么来的呢？相传，中国东汉时期有一位名叫长房的贤者，有一天他对弟子恒景说："今年9月9日你家中有难，若想躲过此难，你就得在那一天将茱萸草挂在手臂上，举家登山喝菊花酒。"恒景听完，便在那一天照着做了。当他晚上回家时，竟然发现自己家中没喝菊花酒的牲口全都死了。从此以后，人们便将这一天定为重阳节，并养成了在这一天喝菊花酒、挂茱萸的习俗。虽然我们不知道菊花酒是否真的能消灾免祸，但它具有丰富营养价值这一点却是毫无疑问的。菊花中的维生素A、维生素B、胆碱、腺嘌呤等成分可以保护眼睛和肝脏，而类黄酮（Flavonoid）成分则可以在泡茶饮用时发挥出消除口臭的功效。

扦插

要想在短时间内增加株数，扦插繁殖是最好的办法。首先，剪下长度为3~4节左右的枝条，只保留最上端的叶片。然后，将枝条插入湿润的泥土或清水中。大约2~4周之后，植物就会生根。

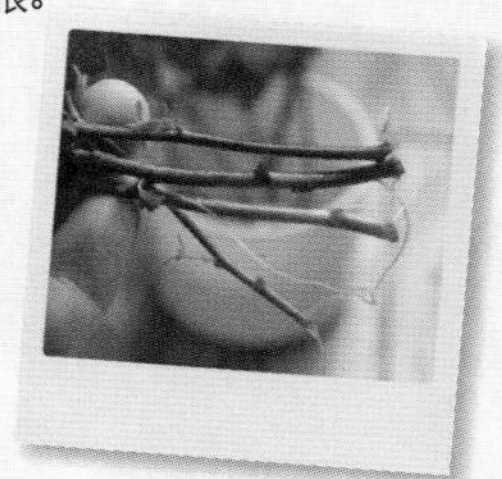

播种 建议在早春时节播种

(注：100韩元直径约2.4cm)

1 菊花种子看上去就像颗粒冲剂。

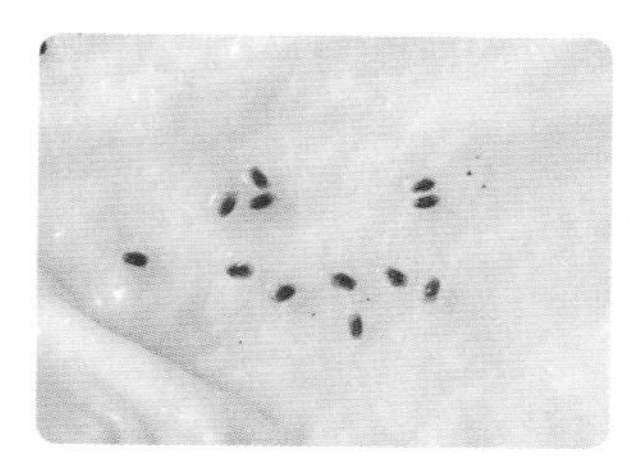

2 找一个阔口碗，放一片湿润的毛巾上去，再将菊花种子小心地放上去，最后盖上保鲜膜。

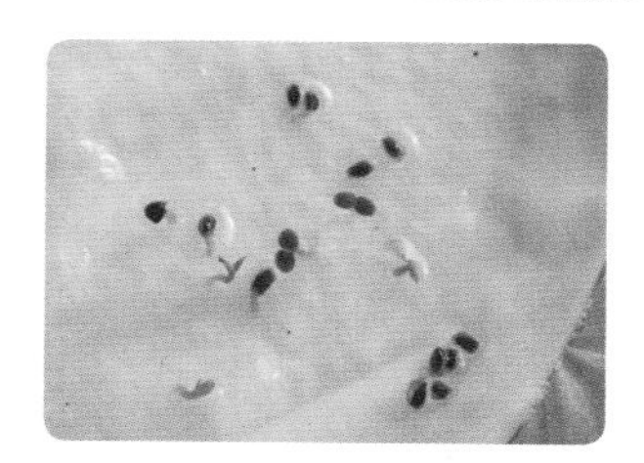

3 2~3天后，等种子发芽之后，去掉保鲜膜，利用镊子将种子小心地栽入土壤中。

生长

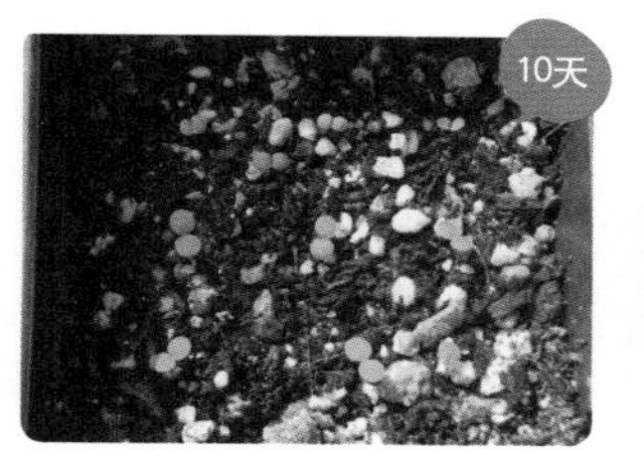

1 移入土中10天左右，种子就会在土壤中生根。

2 现在，植物已经长出了3~4片真叶。这些叶子看上去胖乎乎、毛茸茸的。

3 真叶已经长出10多片了。这时，植物的根部可能会长满整个花盆。如果不进行及时换盆的话，会导致土壤营养不足。

4 在新花盆中铺好肥料土，再放入新土壤和植物。由于菊花长得比较快，最好将它们每一株分开来栽培。

5 现在，植物不断生长壮大，越来越枝繁叶茂。这时候，我们要经常为植物修剪枝叶。另外，充足的阳光可以使植物更健康。

6 到8月末之前，我们要不断为植物修剪枝叶。进入9月后，应在每天晚上将植物搬到没有光线的暗处。

7 植物终于开出了第一个花苞。接下来，一个个花苞纷纷登场。

8 现在，植物开花了。如果你采用了播种繁殖，可能会看到好几种颜色的花朵呢。

如果等了又等，植物还是没有开出花苞

不出意外的话，菊花会在每年9~10月期间开花。但事实上，并不是每一株菊花都会按时开放。如果你观察路边栽种的菊花就会发现，那些长在路灯下的花总是会比那些长在暗处的花晚一些开放。这是因为菊花是一种“短日照植物”，只有在连续10天日照时间低于12小时的情况下，才会开出花苞。而养在阳台上的菊花受夜晚客厅光线的影响，难以开花也就是自然的了。因此，我们必须在每天晚上6点至第二天早上9点这段时间里，将菊花摆放在没有光照的阴暗处。这一点非常非常重要哦！

阳台园艺 TIP

- 菊花对肥料的需求比较大，所以在换盆时一定要放足肥料土。另外，最好每个月施一次肥或每隔2个星期喷一次液体肥料。
- 必须持续不断地修剪枝叶。方法是直接用手将新长出来的幼苗掐断。分枝长得越长，菊花就开得越多，整株植物的造型也会越漂亮。不过，进入9月份的花期之后就最好不要修剪了。
- 开花之后将花剪掉，植物又会重新结出花苞，等于是开两次花。
- 花谢后，花枝会全部枯死，地里会发出新芽。
- 注意预防沙蝇、桑蓟马和白粉病。如果准备将菊花摘下来食用，就别忘了每个月喷一次天然杀虫剂。

将喜悦带到世间的笑之花

喇叭花

难易度
上□ 中□ 下☑

分类
一年生

繁殖方式
播种（一年四季均可），扦插

开花时间
播种后2个月（一年四季均可开花）

越冬温度
无法越冬

适宜温度
25~30℃

浇水
表土干燥时一次性把水浇透

阳光
☀☀ 适合放在半阴地

雨后与你闲话花草

朝开午谢的喇叭花很容易让人联想到“红颜薄命”这个词。可事实上，喇叭花绝非孱弱之辈，它的生命力在植物界可以说是一流的。它的藤蔓会沿着一切可以攀爬的东西奋力生长。即便你将它一刀剪断，它也有本事在很短的时间里重生，并迅速占领周围植物的地盘。它无需人工授粉就能结种，随便栽在哪里都能生根发芽。只要有适量的阳光，它就能茁壮成长、开出美丽的花朵。如果不是它花期短暂的话，大概所有的花园都会变成喇叭花的海洋吧?

采集种子

无需人工授粉即可结出种子。当花房变为深褐色时，就代表种子已经成熟了。

播种

1 喇叭花的种子比较大，所以播种相当容易。它分为许多不同品种，你可以按自己的喜好去选择。

2 首先，用一个一次性容器制作花盆，在花盆底部打一些排水孔。然后，将土壤装入花盆中。喇叭花的生长速度很快，所以这个花盆不会用上很长时间，我们也就没有必要在花盆中铺上排水层了。如果你选择直接将它栽入大花盆中，就一定要记得先铺排水层再放入土壤。

3 用手指在土壤表面按压出几个小坑，将种子放入坑中，然后覆盖上分量约为种子大小2倍的土壤。最后，充分浇水，盖上保鲜膜。

生长

1 在20~25℃的环境下，喇叭花只需要4~5天就会发芽。看到子叶蜷成一团时不用惊慌，因为它们本来就长这样。

2 现在，子叶已经完全舒展开了。

3 现在，已经长出两片真叶了。当第三片真叶长出时，藤蔓就会开始生长了。所以，这个阶段我们开始做换盆的准备。

4 换盆，并在花盆中插入一根支撑架。

5 现在，藤蔓已经长到了支撑架的顶部。一些小花苞开始从这里生出。

6 终于，到了开花时节了。叶的顶部会生出聚伞花序，通常为三朵花。

可以入药的喇叭花种子

喇叭花为什么又叫牵牛花呢？据说，这是因为在中国古代，人们喜欢将喇叭花拖在牛车上四处售卖。晒干的牵牛花种子称为“牵牛子”，是一种中药材，有排毒通便、消除水肿的功效。同时，许多化妆品中也添加了牵牛子提取物，以达到减淡雀斑、消除粉刺的目的。不过，我们在市面上买的牵牛子很多都是经过化学处理的，可不能随便拿来服用或擦脸。当然啦，如果使用我们自家阳台上结出的牵牛子就完全没有问题了！

阳台园艺 TIP

- 最好放在家中阳光最充足的地方。如果阳光不足，花朵可能会未开先谢。
- 初期生长速度非常快。等真叶长出2~3片之后，藤蔓就会开始生出。藤蔓喜欢从左边起不断向右上方生长，我们要根据这个特点来确定支撑架的位置。
- 如果营养不足，会出现藤蔓生长缓慢、底部叶片发黄等症状。最好每隔2周喷洒一次液体肥料。
- 容易受沙蝇、桑蓟马等病虫害的侵袭，所以要经常注意观察，一旦发现病情就及时用蛋黄油进行杀虫。

随日出而开，伴日落而谢的

美丽月见草

花语：思念

雨后与你闲话花草

月见草是一种对月亮情有独钟的植物。每当夜晚明月当空时，它们才会盛放出灿烂的花朵。这抹黑暗中的美丽，又有多少人能有幸欣赏到呢？还好，有一种月见草在白天开放，它就是“美丽月见草”。虽然它外形与月见草极为相似，但个头更小、花朵更大。不过，它并没有月见草的抗老化功效，是纯粹的观赏植物。

它的繁殖力十分旺盛，如果不加以管束，可以在几年时间内侵占整个花园。因此，每到春季，就有不少人把它的幼苗摘下来拿到网上去卖。

制作美丽月见草压花

美丽月见草的花瓣很薄，拿来做压花再适合不过。只要将新鲜的花瓣夹入厚重书本的书页中，只需3~7天就能完全成形。你还可以将它塑封，做成美丽的书签。这样，每次阅读的时候就能感受到鲜花般的幸福感了。

播种 建议在春季或秋季播种

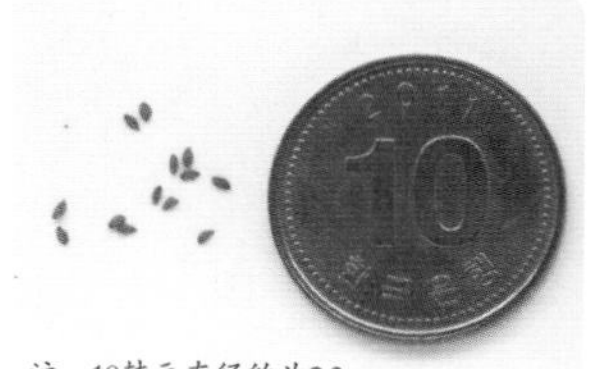

注：10韩元直径约为2.3cm

1 准备好种子。美丽月见草的种子比普通月见草的种子要小一些。

2 准备一个一次性容器作为花盆，在底部打几个排水孔。然后，将土壤装入花盆中。为防止细小的种子被水流冲散，应该在播种前把水浇透。最后，将种子撒在土壤表面。

3 给花盆盖上盖子。在发芽之前，要经常喷水，保证土壤中的水分充足。

生长

1 7~10天后，新芽长出。注意浇水的时候要轻一些，以防柔弱的新芽被水流冲倒。

2 现在，真叶开始长出了。初期的成长速度会比较慢。

3 为帮助植物更快生长，现在要将植物移入营养更丰富的大花盆中。

4 最好找一个大花盆，以5~6厘米为间隔同时栽种几株，这样等开花的时候就会格外好看。

5 进入冬季后，植物会停止生长并出现叶子变红的现象。到了第二年春天，新芽就会继续长出了。这时候，最好在土壤表面放一些颗粒状的肥料，以保证植物的营养充足。

6 植物的叶片越长越大，个子也越来越高。从现在起，我们就要尽量将植物放在阳光充足的地方，以防止其徒长。

7 当植物从冬眠中苏醒过来一个多月时，花苞就开始悄悄生出了。你会发现，它们的生长速度快得惊人。

8 现在，总算到了花开好时节。你会发现，美丽月见草绝非浪得虚名。

花谢后的枯萎并不是死亡讯息！

当花朵全部凋谢后，从植物根茎部分生出的叶子会朝着四面八方生长，使原先的枝叶逐渐枯萎。然后，这些新的枝叶会以缓慢的速度生长，直至冬季成为莲座叶丛。所谓莲座叶丛（rosette），就是指植物的茎部不向上生长，而是在土壤附近层层交叠，形成类似于玫瑰花瓣的形态。莲座叶丛可以使植物在休眠期不被动物啃食，并更好地抵挡严寒。等到天气回暖，植物就会重新焕发生机，开出美丽的花朵。

阳台园艺 TIP

- 耐寒性强，冬天可以完全在户外度过。
- 花中有粘液，触摸花心会看到拉丝的现象。
- 底部叶片变黄是缺少营养的症状，应及时喷洒肥料。
- 花朵通常盛开于顶端，多株栽培可以打造出花团锦簇的美好画面。如果你不想植物长得太高，可以把它种在较小的花盆中。
- 抗病虫害能力比较强。

家中的烛光点点

迷你鸡冠花

难易度
上□ 中□ 下☑

分类
一年生

繁殖方式
播种（一年四季均可）

开花时间
播种后3个月（一年四季均可）

越冬温度
无法越冬

适宜温度
23~25℃

浇水
表土干燥时一次性把水浇透

阳光
☀☀ 适合生长在半阴地

花语：健康 保护

雨后与你闲话花草

一提到鸡冠花，你脑海中一定会浮现出那红艳艳的大型花朵吧？可事实上，鸡冠花中也有小巧可爱的品种，那就是迷你鸡冠花。第一次见到它是在花展上。当时，这外形毛茸茸、色彩缤纷甜美的神奇小花一下子吸引了我，使我迫不及待地买下了它的种子。它就像一支支小蜡烛，将我家的阳台照耀得格外温馨明亮。它生命力旺盛，无需特别照顾也能茁壮成长。怎么样，你心动了吗？

采集种子

迷你鸡冠花的一簇簇绒毛间夹杂着小小的花朵。你可以时不时地用刷子在绒毛间刷一刷，完成人工授粉。受精成功后，会生出一个个米粒大小的子房。当子房变黑时，就可以采种了。

播种

1 迷你鸡冠花的种子又小又圆，带有光泽。

2 找一个一次性容器，在底部做几个排水孔。然后，将土壤放入容器中。为防止水流将种子冲散，要在播种前完成浇水的工作。如果你手头的种子数量不多，最好用沾过水的牙签将种子一粒粒地放入土中。

3 种子都放完后，往土壤表层喷一些水，再在花盆上覆盖一层保鲜膜。最后，用牙签在保鲜膜上戳几个通气孔。这种植物的发芽速度很快，所以播种完成后无需再补充水分。

生长

1 4~7天后，子叶开始长出。

2 现在，真叶已经长出了1~2片。当真叶长出3~4片时，就可以进行换盆了。

3 找一个一次性容器做花盆，在底部铺上泡沫排水层。然后，将新苗移入花盆中。如果要在一个花盆中同时种几株，必须保持植株间隔5cm以上。

4 植物已经适应了新花盆。从现在起，要尽量把植物放在阳光充足的地方。

5 你看，植物正在茁壮成长呢。

6 现在，花柄已经长出了。我们可以看到，花的颜色有大红色、粉红色和黄色。

7 现在，一支支小蜡烛已经“点亮”了。

利用特性控制植物的高矮

迷你鸡冠花一年四季均可播种、开花。但同一时间播种的花，可能会出现这个高那个矮、这个开花快那个开花慢的状况。这是为什么呢？原来，迷你鸡冠花是一种“相对短日植物”。在日照时间较短的情况下，会长得比较矮、开花比较快。相反，在日照时间较长时，又会长得比较高、开花比较慢。如果我们利用这个原理，就能成功控制植物的高矮。

阳台园艺 TIP

- 迷你鸡冠花有耐高温而不耐寒的特性，最好栽种在阳光充足的窗边。
- 花期很长，在霜降期前会一直开花。
- 抗病虫害的能力较强，但容易受蚜虫侵袭。

适合远观的思念之花

万寿菊

花语：一定会来的幸福

雨后与你闲话花草

万寿菊（French Marigold）是一种颇为常见的植物。一开始我只不过随手采了些种子回家栽种，不想却收获了一大片美丽。有学者曾经提出万寿菊会发光的主张。我本来不相信，现在却深有同感，因为万寿菊的确非常光彩动人，它的花瓣更是可以作为天然染料。另外，它的叶片上会散发出独特的香味，起到驱赶害虫的作用。如此中看又中用的植物，此时不养，更待何时呢？

制作万寿菊手绢

除了花朵之外，万寿菊的枝叶同样可以作为染料。它的主要色素成分是类胡萝卜素，即广泛存在于动植物界的黄色、橙色等色素。人们可以利用万寿菊制作出金色、卡其色等许多不同颜色的染料。制作万寿菊染料的方法十分简单，只要将花放入水中煮20~30分钟即可。找一个悠闲的周末，和孩子一起用万寿菊染一张手帕，岂非乐事一桩？

播种

1 万寿菊的种子又细又长，十分特别。

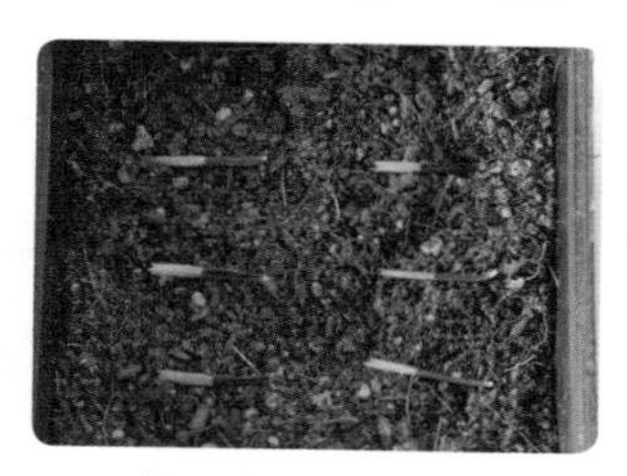

2 找一个一次性容器作为花盆，在底部做几个排水孔。然后，将土壤放入花盆中。接着，用手指按压几个小坑，将种子一颗一颗地放进去。最后，覆盖上分量约为种子大小2倍的土壤。

3 浇水、盖上保鲜膜，用牙签在膜上戳几个洞。大约一周后新芽就会长出，所以中途无需再浇水。

生长

1 青红色的子叶长出。

2 现在，真叶已经长出了4对以上，可以换盆了。

3 最好选择比原花盆大三倍以上的花盆。如果将多株种在一起，要保证每株之间至少有5cm的间隔。如果栽种的是大型品种，那就要至少留出10cm的间隔。

4 现在，植物正在茁壮生长。最好将花盆放到阳光最充足的地方，以防止其徒长。

5 现在，植物的个头已经大了许多。如果你只种了一株，那就要放一些支撑架在花盆中以防植物倾倒。迷你品种的植物开花很早，现在差不多该开出第一朵花了。

6 植物生出了第一个花苞。从现在起，我们要注意病虫害的预防了，尤其要避免桑蓟马的滋生，因为这种害虫会使花朵的寿命大幅减短。

7 终于到了花开好时节。伴随着花儿的竞相开放，植物的个头也越来越高。为了防止植物徒长，一定要保证阳光充足。

阳光不足会导致花苞枯萎

万寿菊是一种对阳光格外敏感的植物。如果遇上长期天气不好，或是被放在了阳光不足的地方，植物的花苞就会接二连三地枯萎掉落。在从春末开始就渐渐没有太阳的南向阳台，经常会出现春天播下的种子到秋天也开不出花苞的现象。因此，要想看到万寿菊盛开的美景，就一定要将花盆放在阳光特别充足的地方。

阳台园艺 TIP

- 万寿菊的花期比较长，所以最好能经常施肥。每2周喷一次液体肥料或定期放一些颗粒型肥料在土壤上都是值得推荐的做法。
- 当植物因干枯而无精打采时，只需充分浇水就能使其迅速恢复元气。
- 抗病虫害的能力很强。

为你带来100天热情的

百日草

难易度
上□ 中□ 下☑

分类
一年生

繁殖方式
播种（春天），扦插

开花时间
播种后3个月（夏季~秋季）

越冬温度
无法越冬

适宜温度
15~25℃

浇水
深层土壤干燥时一次性把水浇透

阳光
☀☀☀越充足越好

雨后与你闲话花草

说起来你可能不信，百日草原本只是一种野花。在经过许多园艺专家们的悉心改良之后，它才变成了今天的模样。它的花朵会从初夏一直开到霜降期前，足足百日有余，所以才有了这个名字。它生命力顽强、外形可爱动人，绝对可以为你的阳台增光添彩。快让美丽的百日草为你的每一天带去力量与幸福吧！

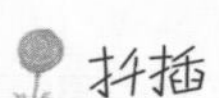

扦插

百日草扦插起来十分简单。首先，选几枝粗壮的枝条，剪下10cm左右，只留下最顶部的2~4片叶子。然后，将枝条放入水中。1~2个月后，根部就会长出了。

播种

1 百日草的种子大而扁。

2 找一个一次性容器，在底部打几个排水孔，然后将土壤放入其中。将种子按照一定的间隔放入土中，在每颗种子上覆盖分量约为种子大小2倍的土壤。

3 充分浇水，将花盆放入有盖子的透明盒子中。无需再浇水。

生长

1 4~7天后，新苗长出。大部分新苗都长得歪歪扭扭的，最好多加一些土壤以免其倾倒。

2 现在，真叶已经长出了4~6片，可以换盆了。

3 在新花盆底部铺好排水层，放入土壤。注意每株之间至少要留出5cm以上的间隔。

4 现在，叶子越长越多。注意要将植物放在阳光充足的地方，以防止其徒长。

5 花苞开始冒出了。从现在起植物进入了花季，需要每隔2周喷洒一次液体肥料补充营养。

6 现在，植物开出了第一朵花。花朵的颜色会依据日照的多少而有所不同。

充足的阳光才能带来美丽的花朵

阳光的多少几乎不会影响百日草的开花与否，却决定了花朵是否漂亮。不少人都问过我，“我明明种了好几个品种，怎么开出的花都完全一样呢？”、“怎么我养的花和种子外包装上印的样子完全不同呢？”。事实上，这些现象多半是由阳光不足造成的。要想收获美丽的花朵，就最好将花盆放在直射太阳光之下，如果家中没有直射阳光，也一定要放在阳光最充足的地方。另外，日照时间的长短也对花朵有很大影响。日照时间越长，就越容易开出华丽的复花。日照时间越短，花朵的总体数量就越多。

阳台园艺 TIP

- 记得将花盆放在阳光最充足的窗边。
- 要想植物多生侧枝，就要在开花之前进行剪枝。
- 如果植物长得太高，或是花朵数量减少，可以剪下枝条末端进行扦插。这样，很快就又能欣赏到美丽的百日草了。
- 抗病虫害的能力比较强，但如果浇水过多容易染上霜霉病，出现叶子长斑的症状。所以，平时要注意等深层土壤干燥时再浇水，不要让植物处于过湿的状态。.

等到初雪降临，爱情就会到来

凤仙花

雨后与你闲话花草

每个女孩子小时候都有过用凤仙花瓣染指甲的经历吧？将花瓣和嫩叶用石头碾碎，再轻轻放在指甲上用线捆起来，等第二天早上，便能看到染成娇艳红色的指甲了。传说中只要有了这样的红指甲，就能实现心中爱的愿望。凤仙花不仅是美丽的爱之花，更是驱赶害虫的高手。古时候，人们经常在屋外篱笆下种一些凤仙花，以防害虫和蛇进入。直到今天，农民们依然经常用凤仙花制作天然驱虫剂。

试一试用凤仙花染指甲

自古以来，东方就有用凤仙花染指甲的习俗。古人相信，这样做一可以美容护肤，二可以驱赶恶鬼。用凤仙花染指甲的方法非常简单。首先，将花和嫩叶用石头碾碎，轻轻放到指甲上。然后，用塑料布或纱布将手指包裹起来，用线捆住。等第二天起来，就能看到染成漂亮红色的指甲了。要是染的时候加一些白矾进去，颜色就更漂亮了。

采集种子

凤仙花的子房在成熟时很容易炸开，所以我们采种时要小心一些，最好找个容器在下面接住。

播种

1 凤仙花的种子大小适中，栽起来不难。

2 找一个一次性容器，在底部打几个排水孔。然后，将磨砂土放入容器中，再将种子有间隔地撒在土壤表面。最后，覆盖一层薄土。

3 充分浇水，再覆上保鲜膜。别忘了用牙签在保鲜膜上戳几个出气孔。

生长

1 4~7天后，新芽开始长出。如果用的是老种子，可能要等半个月才会发芽。如果种子是带壳的，就要将其喷湿再用手指轻轻剥壳。

2 现在，真叶已经长出了许多。当真叶长出4片时，就可以换盆了。凤仙花属于长得比较快的植物，一般不到一个月就得换盆了。

3 将一个塑料瓶纵向剖开，再在底下打几个排水孔，制成DIY花盆。在放土壤之前，先铺一层小石子作为排水层。

4 可以将几株植物栽在一起，注意保持间距。不过，凤仙花属于喜欢向上生长的植物，就算稍微挨得紧了些问题也不大。

5 你看，植物长得多好!

6 现在，它们的个头越来越高。如果发现底部有叶片变黄，就要用手摘去。如果你一开始没有放肥料土，那么现在就该施肥了。

7 现在，一朵朵美丽的凤仙花开放了。快摘几片花瓣来染指甲吧。

阳台园艺 TIP

- 最好是放在阳光充足的窗边。不过，就算阳光不够好它也能顺利长大。
- 经常施肥会导致植物徒长。所以，只要在看到底部叶片变黄时施肥就可以了。
- 种在大花盆里会长成小树，种在小花盆里就会变成小盆栽。
- 注意预防蚜虫和白粉病。如果发现病情，要及时用蛋黄油驱虫。
- 注意不要过度浇水，否则容易烂根。

真正秀色可餐的

一串红

雨后与你闲话花草

一串红，这个名字就连许多资深园艺达人也不曾听说。而我自己也是前不久才知道的。事实上，一串红是鼠尾草属的一种。另外，广受欢迎的香草“sage”就是鼠尾草中的一个品种呢。

难易度
上□ 中□ 下☑

分类
多年生

繁殖方式
播种（一年四季均可）

开花时间
播种后4~5个月（一年四季均可）

越冬温度
5℃以上

适宜温度
15~22℃

浇水
表土干燥时一次性把水浇透

阳光
适合生长在半阴地

采集种子

花朵末端有雄蕊和雌蕊。用棉签沾一些花粉到雌蕊上，即可完成人工授粉。受精成功后，花托中会长出种子，等花托变成褐色时，轻轻敲打，种子就会落下来了。

播种

1 一串红的种子大小适中，栽起来不难。

2 找一个一次性容器，在底部打几个排水孔。然后，将土壤装入容器中，再充分浇水。虽然它是需光发芽种子，但也不能直接放在表土上发芽。为防止种子缺水，应该用手指将种子轻轻按压进泥土中。

3 用喷雾器喷一些水，再覆上保鲜膜。最后，别忘了用牙签在保鲜膜上扎几个排气孔。

生长

1 7~10天后，种子开始发芽。

2 当真叶长出4~6片时，就可以换盆了。

3 现在，植物的叶子变大了许多，个头也越来越高。这个时期，要注意尽量将花盆放在阳光充足的地方，以防植物徒长。

4 在通风不佳的阳台上，夏季最高温度可能达到40℃以上。如果温度过高，再加上养分不足，植物就会出现叶片变黄枯萎的症状。

5 现在，小小的花苞已经长出了。

6 植物开出了美丽的小花。花朵会不断向上生长，层层升高。

7 想起来了吧？它就是我们小时候经常吃的“酸甜草”呀！

家里来了蜜蜂可怎么办？

带有香甜花蜜的一串红很容易招来蜜蜂。如果你发现阳台上有蜜蜂飞来，千万不要惊慌。蜜蜂一旦用蜂针进行攻击就会死去，所以它们在没有感到致命威胁时是不会扎人的。你只需要打开窗子和纱窗，等它们自己飞出去就好了。蜜蜂认为光线更强的地方就是出口，所以自然会朝着窗外飞。当然了，防止蜜蜂、飞虫骚扰的最好办法还是长期关纱窗。

阳台园艺 TIP

- 最好先放在阳光充足的窗口，等花苞长出后，再移动到半阴地。否则，强烈的直射阳光会使花朵变色。
- 在短日照的环境下，花朵会开得更好。
- 花朵的寿命通常为1个月，每年6月、9月、10月时开得最好。
- 有可能感染蚜虫。只要发现得早并及时处理，就不会有问题。
- 幼苗时期容易感染立枯病，所以一定要选用干净的土壤进行栽培。

只为一日灿烂而生的

大花马齿苋

难易度
上☐ 中☐ 下☑

分类
一年生

繁殖方式
播种（一年四季均可）

开花时间
播种后2~3个月（一年四季均可）

越冬温度
10℃以上

适宜温度
15~22℃

浇水
表土干燥时一次性把水浇透

阳光
☀☀☀越充足越好

雨后与你闲话花草

大花马齿苋还有一个更通俗的名字——太阳花。虽然它是一种再常见不过的路边小花，却并非土生土长，而是在18世纪从西方漂洋过海而来。太阳花分为单花和复花，复花尤以华丽著称。传说中，它们是由散落人间的仙界宝石演变而来。也许正因如此，我们才会在它们身上看到璀璨的色彩和夺目的光辉。虽然它们的花期短暂，但生长速度非常快，所以只要我们勤于播种，就能一年四季欣赏到它们的美丽了。

大花马齿苋的好朋友

大花马齿苋还有一个好朋友，那就是马齿牡丹。它作为大花马齿苋的改良品种，既可以开出同样漂亮的花朵，又可以在光照不足的环境下健康成长。所以，现在已经成为最受园艺爱好者青睐的植物之一了。

播种

1 大花马齿苋的种子属于需光发芽种，带黑色光泽，只有米粒大小。

2 找一个一次性容器，在底部打几个排水孔。然后，将土壤装入其中。在播种之前，先充分浇水。然后，用纸将种子送入土中。

3 用喷雾器喷一些水，再覆上保鲜膜，打几个排气孔。注意要将容器放在阳光充足的地方。

生长

1 在25℃以上的高温下，只需4~7天即可发芽。如果温度太低，发芽率就会大幅下降。

2 新芽都长得歪歪扭扭的。为防止它们继续长歪，应该加一些土壤进去固定位置。

3 当植物长出许多像多肉植物一样的厚厚叶片时，就说明该换盆了。

4 找一个大点的容器作为新花盆。如果准备将几株栽在一块，就要留出5cm以上的间隔。

5 在充足的阳光照耀下，植物越长越好。

6 现在，茎部末端长出了一个个小花苞。

7 大约两个半月后就会开出第一朵花。注意植物长得太高会影响美观，用悬吊式花盆来栽培或勤于修剪都可以很好地解决这个问题。

花苞在阴天容易枯萎

虽然一整株太阳花的开花时间很长，但每一朵花的开花时间却不过半天。通常来说，太阳花在早上开始渐渐展开花瓣，到中午完全盛开，到下午就枯萎了。如果没有足够的阳光，花朵们就会失去这宝贵的半天开花机会，带着遗憾离开世界。所以，我们最好在阴天和下雨天将花盆放到室内日光灯下。只要有一片灯光，太阳花就能走完自己短暂却辉煌的一生。

阳台园艺 TIP

- 最好将花盆放在强烈的直射阳光下。
- 茎叶中储存了大量水分，所以平时无需浇太多水。
- 花谢之后剪枝可以使侧枝长得更多，使花开得更繁盛。
- 剪下来的枝条插入土中，很快就能生根。
- 不同颜色的花朵间可以通过授粉形成杂交。如果你只喜欢某一种颜色的花，那就只养那一种花好了。
- 抗击病虫害的能力很强，但偶尔会受到介壳虫的侵袭。

不变的美丽
千日红

难易度
上□ 中□ 下☑

分类
一年生

繁殖方式
播种（一年四季均可），扦插

开花时间
四季常开

越冬温度
无法越冬

适宜温度
25℃

浇水
深层土壤干燥时一次性把水浇透

阳光
☀☀☀越充足越好

花语：不朽

雨后与你闲话花草

千日红是一种外形可爱、生命力顽强的植物。它在枯萎后依然能保持美丽的造型，所以人们将它的花语定为“永恒不变的美丽”。我家里放着一个一年前做的千日红花环，直到今天看上去还是如鲜花般动人。关于千日红还有一个动人的故事。一位女子的丈夫离家挣钱久久不归，女子只好怀着无比的思念苦苦等待。她终日望着永不凋谢的千日红，祈祷着丈夫的平安归来。终于，在一千多个煎熬的日日夜夜后，女子迎来了赚得满钵金的丈夫，从此过上了幸福的生活。

采集种子

用刷子轻刷花心即可完成授粉。当花朵变白时，就说明种子成熟了。将外层的花瓣剥开，就可以看到小小的种子了。

来做一个千日红花环吧

放一个千日红花环在门上，别提有多漂亮了！只要准备好千日红花、胶水和铁丝，就能在10分钟内完成花环的制作了。首先，将在阴凉通风处晒干的千日红修剪到合适的长度。然后，将它们一朵朵用胶水粘到铁丝环上即可。注意一定要把花朵粘牢一些。如果没有铁丝，也可以用树枝、木筷之类的东西做成环形。

播种

1 千日红的种子是包裹在白色绒毛之中的。播种前，先将绒毛去除。

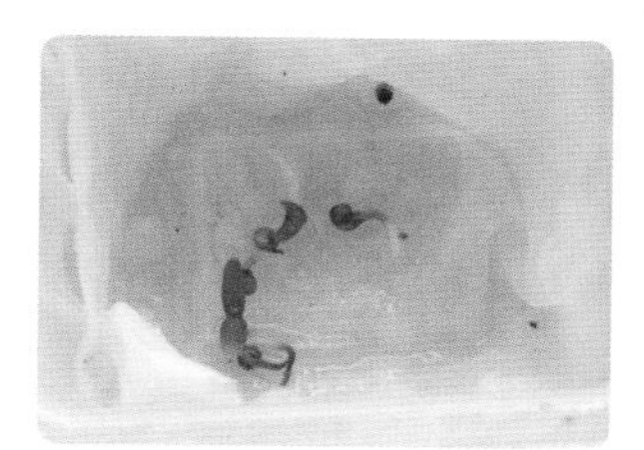

2 将种子放在浸湿的厨房用纸上，覆上保鲜膜。在20℃的环境下，只需3~4天即可发芽。当子叶长出时，就应该移入花盆了。如果不及时转移，植物根部可能会黏在纸巾上取不下来。

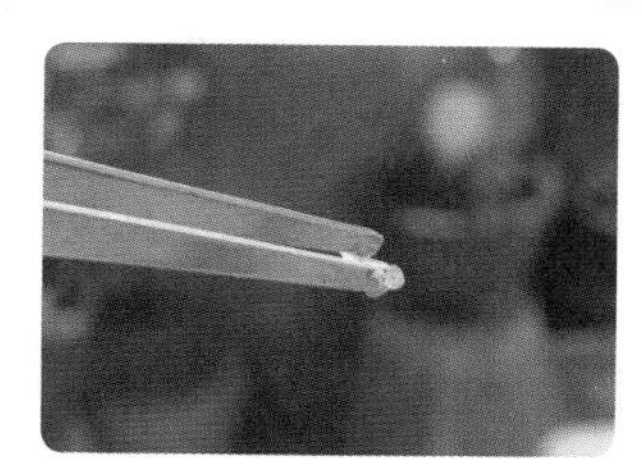

3 将土壤放入新花盆中，充分浇水，再用镊子将种子一颗颗移入。

生长

1 现在，植物已经在土壤中生活了两周。千日红在幼苗时期长得比较直，所以不用再加土固定位置。

2 植物长得很快，现在真叶已经长出3~4片了。此时如果不换盆，植物的根部就会缠在一起。

3 新花盆中的土壤不能太干也不能太湿，否则会导致植物根部受伤。你可以用手去测验一下土壤的湿度，如果摸上去稍微有些湿湿的，就可以栽入植物了。

4 找一个比较大的容器作为花盆，在底部打几个排水孔。首先，用磨砂土或泡沫在底部铺一层排水层，再放一层肥料土，最后放入新土。然后，将植物栽入土壤中。

5 现在，植物已经结出第一个花苞了。在一年生植物中，千日红的成长速度算是比较快的。同一时间栽种的千日红成长进度也差不多。

6 现在，一朵朵圆圆的紫色小花已经开出了。花开之后，花柄下会生出侧枝，不断开出新的花朵。

最好去掉绒毛再播种

千日红的种子上包裹着一层白色的绒毛。这些绒毛如果不去除，会阻碍种子的水分吸收，影响发芽。因此，我们应该在播种前去掉绒毛，以保证种子发芽的成功率。将种子在水中浸泡2~3个小时，再用指尖轻轻揉搓，即可轻松去掉绒毛。绒毛全部去除后，就能看到黑黑的、小小的种子了。

阳台园艺 TIP

- 千日红开花时间很长，需要充足的肥料，所以一开始就要铺好肥料土。如果发现底部叶片变黄，就要立刻施肥。
- 剪下枝条插入水中，只需1~2周即可生根。
- 在理想的环境下，植物可以长得又粗又壮。但在阳光不足的阳台上，就基本不可能了。要想看到花团锦簇的美丽画面，就要以5厘米为间隔种植多株。
- 抗击病虫害的能力很强，几乎不会生病。唯一需要注意的是，不要过度浇水，否则容易染上立枯病。

如少女般纯情的

大波斯菊

雨后与你闲话花草

大波斯菊这个花名来源于希腊语中的“kosmos”，即“秩序、和谐”之意，与代表混沌的“khaos”正好相反。了解这一点之后，我们再看看大波斯菊，就会发现它的确充满了一种和谐的美感。传说中，神为了让世界变得更美丽，才创造了它。纯洁的气质，缤纷的色彩，再加上意为“无瑕之爱”的花语，这一切都让人不禁感叹，神在创造它的时候真是煞费苦心呢！

难易度
上□ 中☑ 下□

分类
一年生

繁殖方式
播种（一年四季均可），扦插

开花时间
播种后3个月（一年四季均可）

越冬温度
无法越冬

适宜温度
18~25℃

浇水
表土干燥时一次性把水浇透

阳光
☀☀☀越充足越好

播种

1 大波斯菊的种子扁而长，呈褐色。

2 找一个一次性容器作为花盆，在底部打几个排水孔。然后，将土壤放入其中。接着，将种子有间隔地撒入土中，再盖上分量约为种子大小2倍的新土。最后，充分浇水。

3 盖上盖子或覆上保鲜膜，再打几个排气孔。在发芽之前，注意保持土壤湿润。

生长

1 现在，植物长出了一片片细长的子叶。由于子叶长得比较乱，需要加入一些新土固定位置。

2 大波斯菊的生长速度比较快，没过几天就到换盆的时候了。

3 找一个废旧容器，在底部打几个排水孔，放入泡沫排水层。

4 先放入肥料土，再放入新土，最后插入新苗。

5 现在，植物越长越高，非常健康。

6 植物已经长大到镜头装不下的程度了。

7 现在，植物长出了一个个圆圆的花苞。这时候，剪下一些枝条放入水中，可以栽培出体型较小的花朵。

8 终于，第一朵花盛开了。

植物长得太高怎么办?

在阳光不足的阳台上，植物很容易徒长。那么，怎么做才能防止植物长得太高呢？首先，我们可以在植物还小的时候对它们进行修剪。其次，我们可以在植物结出花苞时，剪下茎部顶端10cm左右进行水培繁殖。

阳台园艺 TIP

- 将花盆放在家中阳光最充足的地方。
- 施肥过多会导致植物徒长。所以如果你在换盆的时候已经放过肥料土，就无需额外施肥了。
- 在短日照的环境下花开得最好，所以秋天的时候最好看。不过，整个夏天植物都会开花，如果足够温暖，甚至冬天也能开花。
- 容易受蚜虫和桑蓟马的侵袭。平常浇水的时候要多给植物洗洗澡。在通风不佳的环境下，植物还容易患上白粉病。

纯情派的代表！只面朝太阳的

向日葵

难易度
上□ 中□ 下☑

分类
一年生

繁殖方式
播种（一年四季均可）

开花时间
播种后2~3个月（一年四季均可）

越冬温度
无法越冬

适宜温度
10~22℃

浇水
表土干燥时一次性把水浇透

阳光
☀☀☀ 越充足越好

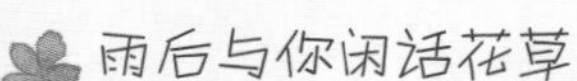

雨后与你闲话花草

还记得小时候吃的葵花籽吗？它富含不饱和脂肪酸、蛋白质和维他命，是一种非常健康的开胃小食。葵花籽榨出的油也对我们的身体颇有好处，可以用来烹饪各种美食。除了葵花籽之外，向日葵本身作为一种观赏植物也有很高的价值。最近，不少地区都建立了向日葵园，以吸引众多游客的光临。向日葵，这个总是在影视作品中被用来代表单相思的“小傻瓜”，原来是不折不扣的“多面能手”呢！

采集种子

当花粉开始随风飞扬时，便可以采集花粉了。将采集来的花粉用笔刷沾到各朵花上，完成人工授粉。等花蕊掉落之后，就可以将一颗颗黑色的种子取出来了。

播种

1 找一个一次性容器，在底部打几个排水孔。然后，先后放入磨砂土和培养土。

2 用手指在土壤表面按压几个小坑，将种子一一放入坑中，再覆上约等于种子分量2倍的土壤。

3 将容器放入透明饭盒中，盖上盖子。

生长

1 3~7天后，新芽长出。

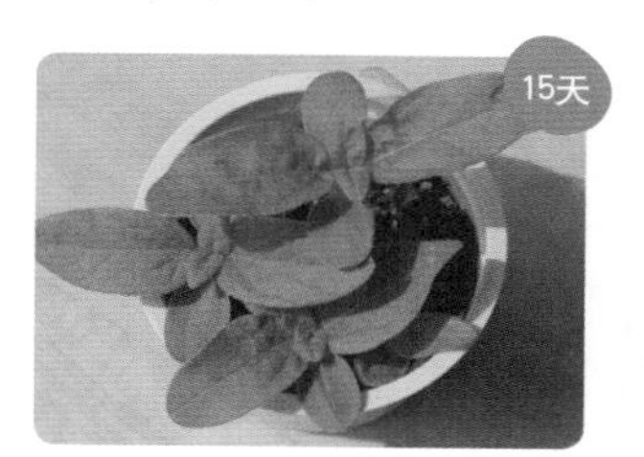

2 植物的生长速度很快。当真叶长出3~4片时，便是换盆的最佳时机了。

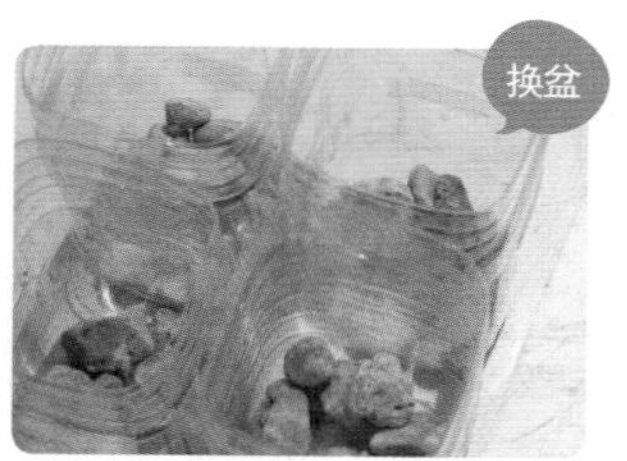

3 找几个容器作为新花盆，在底部打好排水孔，放入一些石子作为排水层。

4 小心地将幼苗取出。如果根部缠在了一起，可以用牙签轻轻梳理开。

5 向日葵的茎部本来比较粗壮结实，但如果放在阳光不足的室内栽种，就可能出现茎部软弱无力的症状。为防止植物倾倒，应该将幼苗栽得深一些。

6 换盆后1个月，植物开始生出花苞。如果植物底部叶片发黄，说明营养不够，需要及时施肥。

7 花苞渐渐变大。这时候，一定要让植物充分接受阳光的照射，以后花朵才会开得更结实漂亮。

8 终于，美丽的向日葵开花了。这时候，植物容易受到病虫害的侵袭，应该经常注意观察，及时发现并处理病情。

向日葵个子那么大，真的可以养在阳台么？

食用向日葵并不适合养在家中。一是因为其足足有2~3米的身高，二是因为家中的环境很容易导致其感染病虫害或开花失败。那么，我们难道就和向日葵无缘了吗？当然不是了，向日葵中也有经过改良的迷你品种，高度不到1米、造型多样、可根据花盆的大小自动调节自身高度，养起来轻松又有趣。即便是同一种迷你向日葵，也会因为所处花盆的不同，而呈现出不同的造型。别犹豫，赶快把它带回家吧！

阳台园艺 TIP

- 将花盆放在家中阳光最充足的地方。如果能放在露天环境下就最好不过了。
- 如果换盆时已经放过肥料土，就无需额外施肥了。
- 除了已确定的可食用品种外，千万不能随便吃。
- 容易受到沙蝇和桑蓟马的侵袭。桑蓟马喜欢躲到花朵中，特别难发现。因此，最好在花期到来前对植物进行彻底的体检，并提前喷洒杀虫剂。

OVE
U

PART 2

阳台上的美与味

是食物，也是植物
可食用花·香草

阳台上的金鱼部落

金鱼草

难易度
上□ 中☑ 下□

分类
多年生

繁殖方式
播种（一年四季均可），扦插

开花时间
播种后4~5个月（春季和秋季）

越冬温度
5℃以上

适宜温度
15~20℃

浇水
表土干燥时一次性把水浇透

阳光
☀☀☀越充足越好

花语：唠叨

雨后与你闲话花草

金鱼草顾名思义是一种外形颇似金鱼的植物。它那微微卷曲的花瓣就如鱼儿在水中游泳时摆动不停的鱼鳍。如果你用双手轻轻捏一捏它的花朵，就会发现那模样像极了金鱼在水中嘴巴一张一合，又像是淘气的小孩在嚷嚷——“我要玩儿！”怪不得人们把金鱼草的花语定为“多嘴”、“唠叨”了。

在西方，人们发现金鱼草的样子很像张开嘴的龙，所以也把它称为“Snap Dragon”。

采集种子

试着用手轻轻上下拉扯植物，你会发现花瓣深处藏着雌蕊和雄蕊。用棉棒沾一些花粉抹在雌蕊上，即完成了人工授粉。不久之后，子房就会鼓胀起来。当子房变成褐色时，便可以采种了。

就这么吃

金鱼草味道略苦，有帮助消化、促进食欲的功效。早在古印度时期，人们便发现了它可以入药。你可以将它做成色彩缤纷的沙拉，也可以晒干之后泡花茶。养在自己阳台上的金鱼草没有受过农药的毒害，可以放心食用。

播种　9月末至10月是最佳时期

1 金鱼草的种子属于需光发芽种，非常细小。

2 找一个一次性容器作为花盆，在底部打几个排水孔。然后，将土壤放入其中，充分浇水。最后，用沾过水的牙签将种子一个一个放入花盆中。

3 无需覆土，直接盖上盖子或覆上保鲜膜，放在阳光充足的地方。别忘了在盖子上戳几个排气孔，以免植物因不透气而腐烂。

生长

1 在15~20℃的环境下，只需7~10天即可发芽。新芽十分弱小，要小心保护。

2 现在，真叶已经长出了3~4片。可以换盆了。

3 在新花盆中铺好排水层和肥料土，再放入移植新土，最后种上植物。

4 如果买的是矮化种，可以5cm为间隔种在一个花盆中。如果买的是大型种，就要分别种在直径超过10cm的大花盆中。从现在起，要记得在每次表土干燥时及时浇水。

5 现在，植物长高了许多。注意阳光不足会导致徒长，所以一定要把花盆放在阳光充足的地方。

6 植物又长大了不少，侧枝也生出了一些。如果看上去太过拥挤，可以给植物换换盆。如果植物东倒西歪，可以在花盆中放一根支撑架。

7 终于，第一个花苞长出了。花柄会从主茎中生出，一朵朵次第开放。

8 看到没？一条小金鱼正在阳台上游泳呢。

最好在秋天播种

金鱼草一般在播种后4~5个月开花。最适合播种的季节是早春和秋季。如果在早春播种，植物会在初夏开花。如果在秋季播种，植物则会在春天开花。虽然一年四季均可播种，但5~8月间播种会导致植物生长缓慢，甚至要等一年多才会开花。根据我的经验，在阳台上播种最好选在9月末至10月。这样，就能在来年的3~4月至秋天这段时间里一直欣赏到美丽的花朵了。

阳台园艺 TIP

- 在阳光强烈的午后，叶片可能会显得无精打采，这是正常现象，千万不要错以为是植物缺水而胡乱浇水。
- 在较低的气温下植物会比较健康。只要撑过了夏天，植物就能在9月再次开花。
- 采集来的种子最好不要直接播种，而是放在常温下1~2个月后再播种。这样，种子的发芽率会显著提高。
- 如果种在阳台上，最好选择高度为15~20厘米的矮化种。
- 在高温干燥的环境下，可能会滋生沙蝇。

酸甜可口的沙拉原材料

秋海棠

花语：单相思

难易度
上□ 中☑ 下□

分类
多年生

繁殖方式
播种（春天），扦插

开花时间
终年开花

越冬温度
10℃以上

适宜温度
10~25℃

浇水
表土干燥时一次性把水浇透

阳光
☀☀适合生长在半阴地

雨后与你闲话花草

秋海棠中最常见的种类为四季秋海棠。每到春天，我们都能在花卉市场以极低的价格买到它。它的花期绵长，可以从春天一直开到霜降期前。因此，也有人说它是一种能让人“忘记时间”的花。只要在夏季做好防暑工作，它就能一路茁壮成长。它的花还能作为食材。由于叶片总是左右对称生长又互不靠拢，仿佛永远无法碰面，人们便把它的花语设为了“单相思”。对于喜欢家中长期有花的人来说，它绝对是最理想的选择。

采集种子

每一株植物上会开出雌花和雄花。雌花有黄色的花蕊和子房，雄花则没有。只要将雄花的花粉沾一些到雌花上，就算完成了人工授粉。随后，子房会不断膨胀，渐渐变为褐色。等到子房完全变色时，就可以采种了。

就这么吃

色彩缤纷、酸甜可口的秋海棠非常适合用来制作比萨、沙拉和三明治等美食。它的味道与石榴相似，可以代替果醋，也可以用来酿酒。用它酿成的酒有止咳、祛痰、缓解疲劳的功效。

播种

1 秋海棠的种子属于需光发芽种，市面上卖的种子大部分都是经过处理的矮化种。各个品种的秋海棠栽种方法都差不多。

2 在播种容器中装入适量土壤，再充分浇水。接着，撒入种子，再用喷雾器撒一些水，使种子表面的保护膜溶化。

3 在容器上覆好保鲜膜，放入温暖的地方。种子最适合在25℃的环境下发芽，如果你选择在比较寒冷的季节播种，就要注意保持温度。

生长

1 1~2周后，新芽长出。看到照片中那些绿色小点了吧？是不是小得不能再小了？它们现在需要悉心的照顾才能顺利长大哦。

2 现在，它们是不是大多了？别看它们在一个月大的时候没什么变化，到了2个月大就长大许多了。这时候，可以考虑给它们换盆了。

3 现在，植物长出了球根秋海棠所特有的叶子花纹。不同品种的秋海棠叶片花纹也各不相同。

4 终于，第一朵花开放了。随着时间过去，花瓣会渐渐多起来。每朵花的开放时间约为两个星期。

继续生长

1 当气温下降到5~10℃时，秋海棠就会进入冬眠状态。在经过3个月左右的睡眠后，植物会重新长出新苗。在此期间，几乎无需浇水。

2 植物长出了新叶，新叶越来越多、越来越大。

3 球根秋海棠比播种栽培的秋海棠更早开花。

4 现在，植物终于开出了花。前侧那些气质华丽的复瓣花是雄花，后面那些单瓣花是雌花。

世界范围内共有2000多个品种

秋海棠的品种十分多样，有花朵比较华丽的，有叶子比较漂亮的，有长得像树木一样高的，也有球根的。不同品种的秋海棠习性也各有不同。球根秋海棠耐寒性差，只有在日照时间足够长的情况下才会开花。而丽格海棠相对比较耐寒，在日照时间较短的情况下更容易开花。

阳台园艺 TIP

- 观花性秋海棠适合放在阳光充足的窗边，观叶型秋海棠适合放在半阴地。
- 茎部含水量较大。换盆时应该将培养土和磨砂土以6:4的比例混合，以防植物涝死。
- 叶片不宜沾水，浇水时注意不要浇到叶片，或者直接采取底部浇水。
- 适合扦插。首先，用干净的刀或剪刀将茎部末端斜线剪开，插入土壤中，待表土接近干燥时再浇水。1~2周后，植物就开始生根了。

美容效果远超果蔬百倍的

洋凤仙

难易度
上□ 中□ 下☑

分类
一年生

繁殖方式
播种（一年四季均可），扦插

开花时间
终年开花

越冬温度
5℃以上

适宜温度
20~25℃

浇水
表土干燥时一次性把水浇透

阳光
适合生长在半阴地

花语：我的爱比你深

雨后与你闲话花草

洋凤仙和凤仙花有一个相同点，那就是当子房成熟时只要一碰就会炸开来。它又分为非洲凤仙花和新几内亚凤仙花，这两种花的花朵完全一样，叶子却全然不同。非洲凤仙花的叶子小而圆，新几内亚凤仙花的叶子则大而尖。洋凤仙大部分都为单瓣花，但最近复瓣花新品种也开始出现。虽然它们通常被作为户外观赏植物栽培，却对室内环境具备极强的适应能力，在近来成为了颇受欢迎的室内植物。如果说演艺圈中最牛的人才称得上“大腕”，那么洋凤仙无疑就是阳台花园上的大腕了。它播种后只需2个月即可开花，还可以进行扦插移植，“四季常开”对它来说也并非难事。而且，它还是上好的食材和药材！怎么样，这个大腕绝对够格吧?

采集种子

当花蕊开始分泌出花粉时，即可用棉签或小刷子进行人工授粉了。子房在完全成熟后仍然会呈草绿色，然后在某个瞬间突然炸开。如果你不想种子四处散落，就要提前在子房下方铺一张报纸。

就这么吃

洋凤仙是制作鲜花拌饭最理想的材料。它完全没有异味，即便不爱吃花的人也能轻松接受它。它的抗老化成分“多酚”含量是所有食用花朵中最高的，所以护肤美容的效果是普通果蔬的百倍之多。

播种

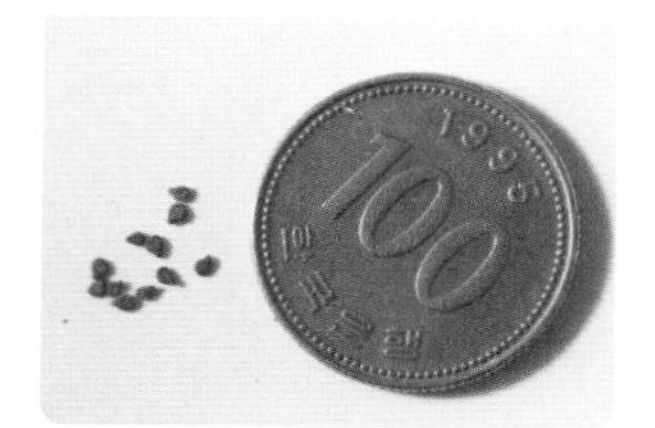

1 洋凤仙的种子扁而小。作为一种需光发芽种，它一年四季均可播撒。

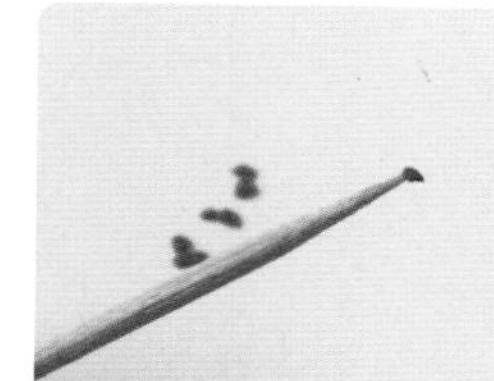

2 找一个一次性容器作为花盆，在底部打几个排水孔。然后，在底部放一些粗大的磨砂土颗粒，再放入培养土。接着，往土上喷洒一些水，再用沾过水的牙签将种子一粒一粒地放入土中。

3 无需覆土，直接喷水再盖上保鲜膜，使土壤在植物发芽前始终保持水分充足的状态。最后，别忘了将植物放到阳光充足的窗边。

生长

1 在20℃的环境下，只需1~2周即可发芽，子叶圆润而带有光泽。在真叶长出3~4片之前，要注意在每次表土干燥时充分浇水。

2 当真叶长出4片时，即可换盆。如果你一开始就将它们单个种在小花盆中，现在就无需换盆了。

3 现在，植物长出了小小的花苞。这段时期会不断生出侧枝和新叶，要特别注意通风，否则容易导致病虫害的滋生。

4 现在，花朵纷纷绽放。开花期间，要尤其注意为植物补充营养。推荐的做法是每隔2周喷洒一次液体肥料或直接放一些固体肥料在土壤中。

扦插繁殖（也可以水培）

1 洋凤仙的扦插方法非常简单。首先，斜切下一段长度约为成人手指长的枝条，只保留最顶端的3~4片叶子。

2 找一个花盆，在底部铺一层磨砂土作为排水层，再用筷子戳出几个用于扦插的小洞。

3 将枝条一一插入小洞中，充分浇水。然后，注意在每次表土干燥时浇水。

4 只需1~2周，植物就会生根发芽。1个月后，植物就会长出花苞。

栽培的关键一是控制湿度！二还是控制湿度！

洋凤仙一旦处于不利环境中，就会停止生长和开花。在各种不利环境中，过干和过湿是最具杀伤力的。因为这两种情况都会使植物变得脆弱，无法抵御病虫害的侵袭，出现叶片枯萎、花苞凋落等症状。所以，我们一定要严格控制土壤的湿度，使植物长期处在适宜的湿度条件之下。主要方法有：1.将培养土和磨砂土以1:1的比例混合，增加土壤的排水性能。2.每当表土干燥时就立即充分浇水。

阳台园艺 TIP

- 最适合生长在每天日照时间为3~4个小时的半阴地。在酷暑季节，应该将植物移到阴地。
- 生长速度很快、侧枝多，所以不能种得太密集，否则会影响植物通风。当在一个花盆中栽种多株时，应该保证每株植物间有10厘米的间距。
- 终年处于开花期，所以格外需要营养。最好每隔2周喷洒一次液体肥料或每隔1~2个月放一次固体肥料。
- 抵抗病虫害侵袭的能力较弱。在干旱环境下容易受沙蝇、桑蓟马等害虫的侵袭，在过湿环境下则容易染上白粉病、灰霉病等。所以，要时常注意观察植物的健康状况，争取早发现、早治疗。

埃及艳后和杨贵妃的美容秘诀

玫瑰

难易度
上☑ 中□ 下□

分类
多年生

繁殖方式
播种（一年四季均可），扦插

开花时间
终年开花

越冬温度
5℃以上

适宜温度
24~27℃

浇水
表土干燥时一次性把水浇透

阳光
☀☀☀越充足越好

花语：红色代表热情 黄色代表嫉妒 白色代表纯洁

雨后与你闲话花草

玫瑰作为爱的代名词，一直广受女性同胞的喜爱。但你可能不知道，它还是上好的食材呢。它的雌激素含量是石榴的8倍，维他命C含量是柠檬的20倍，维他命A含量是土豆的20倍以上，矿物质含量也是其他食用花朵的2倍，具有美容、抗衰老、提高免疫力等功效。相传，著名的埃及艳后和杨贵妃都是玫瑰的忠实粉丝，经常用玫瑰花瓣来泡茶或沐浴，以保持完美的容貌和娇嫩的皮肤。更令人感到不可思议的是，玫瑰中的香叶醇成分一旦被人体吸收就会散发出香味而久久不散，使人变成真正的“花仙子”。怎么，这集万千优点于一身的玫瑰，还不足以让你心动吗?

韩国人素来有吃金达莱花饼的传统。事实上，玫瑰花也同样可以拿来做饼。玫瑰花饼的制作方法很简单，只要将玫瑰花瓣放在糯米饼上，再隔水蒸熟即可。凡是未喷洒过农药和化学肥料的玫瑰均可食用，所以用我们阳台上亲手种的玫瑰来做饼真是再适合不过了！

播种

1 剪下几段玫瑰枝条。通常根部会从枝节生出，所以最好剪到枝节下方一点点的位置。然后，将枝条插入清水或泥土中。

2 约一周后，植物就会生根。2~3周后，根部就会比较繁盛了。如果是水培，这时候还可能会有侧枝生出。

3 将植物移入土中。根部需要一定的时间适应土壤，所以移栽后一周的时间里要避免强日光。

4 现在，植物长出了不少新叶。阳光越充足，叶子就越小、越厚实、越有光泽。红玫瑰的叶子末端也会发红。

5 现在，植物生出了花苞。

6 终于，一朵朵美丽的玫瑰花盛开啦。

生长

1 仔细观察新苗你会发现，它们总是朝着叶子生出的方向生长。而侧枝也总是朝着叶子生出的方向生长，所以我们在修剪玫瑰时要注意这一点。

2 修剪植物至适当高度。新长出的侧枝要向外伸展，才能使树形更漂亮。所以，一定要在那些向外生长的枝节上做修剪。

3 1~2周后，新叶就会长出。如果发现新叶长的位置不好，就直接将它们剪去。

阳台园艺 TIP

- 迷你玫瑰在阳台上比较容易养活。
- 新枝生出时，花朵也会随之开放。所以，在阳台温度足够的前提下，只要花谢后注意修剪枝条，就能一年四季感受到玫瑰花的魅力。
- 纤弱的枝条上很难生出花苞。因此，要尽量保留那些粗壮健康的枝条、剪去那些纤弱无力的枝条。
- 对肥料的需求量较大，所以换盆时要在新花盆底部铺上足量的肥料土。另外，当植物出现生长缓慢的迹象时，要及时施肥。
- 抗击病虫害的能力较弱，容易感染白粉病、沙蝇和桑蓟马虫害。定期喷洒蛋黄油可以起到预防作用。

种的是玫瑰，开出来的却是野蔷薇？

事实上，这并不稀奇。因为我们所看到的玫瑰大部分都是杂交改良的品种。如果直接在这些玫瑰上采种，自然就会种出未经改良的野蔷薇。要想种出”真正”的玫瑰，就只能去买专门的玫瑰花种。如果你家中已经种了玫瑰，那么直接扦插移植就是最好的办法。

从花园吹到餐桌上的春风

三色堇

雨后与你闲话花草

在欧洲，人们喜欢在情人节将花语为“请思念我”的三色堇送给心上人。事实上，三色堇（pensée）在法语中本来就代表了“思念”的含义。据说，这是因为人们看到三色堇的花朵总是会想起思念的人。关于三色堇还有一个传说。一天，爱神丘比特将爱之箭射向了自己心仪的妖精，但这一箭恰巧射到了附近盛开的一朵白色蝴蝶花上。受伤的蝴蝶花流出三种颜色的“鲜血”，便形成了我们今天所看到的三色堇。

就这么吃

三色堇是一种甜美可口的食用花朵。它可以用来做三明治、沙拉、薄饼等各种点心，具有利尿、消炎、祛痰等功效。在举办家庭派对时，来一点葡萄酒加三色堇薄饼，绝对会让宾客赞不绝口。

采集种子

三色堇的子房分为三支，一旦成熟种子就很容易四处散落，为避免遗失种子，我们最好在子房完全成熟之前将它剪下来。当看到子房变成褐色、微微向上时，就可以剪了。剪下来的子房应该放到通风处晒干。当子房炸开时，就可以采种了。

播种 3~8月不适宜播种

1 三色堇的种子属于需暗发芽种，比米粒还小。

2 首先，在小花盆中放一些磨砂土或泡沫作为排水层，再放入土壤，最后充分浇水。

3 用沾过水的牙签将种子一粒粒地移入花盆中，再撒一些土上去，直到种子完全看不见。最后，放一张打湿的报纸在花盆上，以保持水分、阻断光线。为维持土壤湿度，应每天早晨用喷雾器喷一些水。

生长

1 在10~15℃的环境下，只需7~10天即可发芽。如果新芽东倒西歪，就多加一些土以固定位置。

2 现在，真叶已长出了1~2片。三色堇属于初期生长比较慢的植物，需要你耐心等待。

3 现在，真叶已经长出了3~4片，可以进行换盆了。

4 如果根部缠绕得厉害，可以用剪刀剪去一半，再好好梳理。

5 现在，植物越长越大，底部开始生出侧枝。

6 大约3个半月的时候，植物就会开出第一个花苞。为防止花苞枯萎，应保证充足的阳光。

7 现在，植物开出了一朵朵灿烂的小花。由于它抗病虫害的能力比较差，你要经常注意观察，将各种病虫害扼杀在初始阶段。

10~20℃是最适合的温度

三色堇的耐寒性比较好，有的品种甚至能在-5℃的严寒中存活。在温度合适的阳台上，9月播种的三色堇可以从12月到春末一直开花。不过，它的耐热性就差了许多。在30℃以上的环境下，三色堇很容易感染病虫害，几乎难以生存。因此，到了炎热的夏季，我们就不得不和它说再见了。

阳台园艺 TIP

- 播种最迟不要超过2月。因为3月以后温度日益升高，植物很可能来不及开花就热死了。
- 花朵开得较多，所以营养消耗大。如果发现植物的叶片底部发黄，就要每2周喷洒一次液体肥料。
- 个头矮小，一般只长到20厘米左右。最好以5厘米为间隔种在一个大花盆中，这样到开花的时候就特别好看。
- 如果植物因阳光不足而徒长，可以将植物放入悬吊式花盆中栽种，使过长的枝条自动垂下来。

朴素背后的华丽与香甜

美洲石竹

雨后与你闲话花草

石竹的样子颇像古时候韩国商人戴的斗笠，所以韩国人又称它为“斗笠花”。全世界约有300多种石竹，它们形态各异、色彩缤纷，吸引着无数植物收藏爱好者的目光。我最喜欢的是花团锦簇的美洲石竹和终年开花的四季石竹。别看“石竹”这个名字很不起眼，它们的美丽可是足以让你惊叹呢。

石竹是一种香甜的食用花，可以用来制作三明治、沙拉等。它还是一种传统的中药材，有降低血压、缓解眼部充血的功效。

播种

1 石竹的种子黑黑的、小小的。

2 找一个一次性容器当花盆，在底部打几个排水孔。然后，在花盆底部铺一层粗粗的磨砂土作为排水层，再放入适量土壤。接着，充分浇水，用沾过水的牙签将种子一粒粒地放入土壤中。

3 轻轻按压种子，使之完全与土壤贴合，无需再覆土。然后，喷一些水，覆上保鲜膜，在膜上打几个排气孔。最后，将花盆放到阳光充足的窗边。

生长

1 在20℃左右的环境下，只需3~7天即可发芽。

2 当真叶长出3~4片时，即可换盆。阳光不足会导致徒长，所以一定要将花盆放在阳光充足的地方。

3 只要是比较成熟的石竹，都可以在户外过冬。经过风霜雨雪洗礼的石竹会在春天开出更灿烂的花朵。

4 2月末，主茎开始变粗变高。

5 现在，植物越长越高，生出了一个个小花苞。茎部底端容易因通风不佳而出现过湿症状，需要格外注意。

6 到了4月，天气渐渐变暖，各种病虫害也开始滋生。这时，要格外注意病虫害的防治工作。初期病虫害可以用喷洒蛋黄油的方式轻松解决。

7 现在，美洲石竹已经开出了许多可爱的小花苞。

8 到了5月，大片的花朵盛开。这时，需要每隔2周喷洒一次液体肥料，以保证植物营养充足。

枯萎不代表死亡

石竹中有不少品种都会在结出种子后枯萎，出现一种假死现象。这是因为植物需要以“只保留根部”的方式熬过寒冬。到第二年气候变暖时，它又会从根部生出新的枝叶和花朵。因此，如果你看到家中的石竹在结种后枯萎，千万不要误以为它们死去而随意丢弃。你只需要继续按照“表土干燥时浇水”的方式对植物进行照顾，它们就会在春天复活。在足够温暖的阳台上，植物也可能不会假死，只出现叶片枯黄等症状。

阳台园艺 TIP

- 花谢后，选择新生的健康植株进行换盆，每隔2~3个月施肥一次。
- 密集的根须会导致土壤表面变硬，所以需要时不时用叉子松土。
- 如果植物过度徒长，就要进行扦插修剪。只需3~4天，扦插后的植物就会生根。
- 容易受蚜虫、桑蓟马等害虫的侵袭。越冬之后，应该每隔一个月喷洒一次蛋黄油。

最早传播春之讯息的

报春花

雨后与你闲话花草

对于我来说，报春花是意义非凡的。因为我正是被它的美丽倾倒，才一头扎进了园艺的世界。最喜欢报春花的莫过于英国人，他们设立了报春花协会，还专门定了一天为“报春花日”。目前，全世界约有400多种不同的报春花，在韩国则有雪樱草、大樱草等10多个品种。它们不仅美丽动人，还是餐桌上颇受欢迎的美食。市面上卖得最多的品种有报春花、鄂报春、藏报春、欧报春等。

鲜艳可爱的报春花用来泡茶、制作冷饮真是再适合不过了。它还有治疗失眠、神经衰弱的功效。

播种

1 大部分报春花的种子都非常细小。作为需光发芽种，它们一年四季均可播种，但最好不要在酷暑季节。

2 找一个一次性容器作为花盆，在底部放一些大颗粒磨砂土作为排水层，再放入适量土壤，充分浇水。然后，用沾过水的牙签将种子一粒粒放入土壤中。

3 无需覆土，直接喷水，再覆上保鲜膜，将花盆放到阳光充足的地方。为保持土壤湿度，应每天用喷雾器充分喷水一次。

生长

1 在15~20℃的环境下，需要15~30天才会发芽。

2 真叶长出3~4片后，即可换盆。

3 如果准备将植物全部种在一个花盆里，就要在各株间留出至少8cm以上的间隔。

4 现在，植物进入了快速生长期。如果你觉得它们长得太满，可以换个大花盆。

5 植物耐热性较差，所以进入酷暑季节后变得十分虚弱。这时候，应该好好给植物浇水，耐心等待秋天来临。

6 从现在起，要注意给植物补充营养了。你可以选择放一些颗粒型农药在土壤中，也可以每隔2周喷洒一次液体肥料。

7 终于，植物开出了小小的花苞。如果你是12月栽种，那么就要等很长时间才能看到开花。如果你是8月栽种，那么大约6个月就能看到开花了。不过，在炎热的夏季发芽率会低很多。

8 现在，一朵朵报春花正在盛开！注意保持良好通风，否则植物会感染病虫害。

夏天怎样养护它

报春花是一种多年生植物。但由于它耐热性太差，很容易在夏季死去，才被误纳入了一年生的行列。下面，我就给大家讲讲怎样在夏季养护它。首先，要将植物放在阴凉通风的地方。其次，要将培养土和磨砂土以1:1的比例混合，以充分保证土壤的透气性。最后，每次浇水都要等深层土壤干燥时一次性浇透。如果你看到植物无精打采就一个劲儿地浇水，那可就大错特错了。因为在炎热高温下，植物无精打采只不过是一种正常现象，根本无须紧张。只要坚持在每次用手指确认深层土壤已经干燥后再浇水即可。只要你做到了这些，就能让你的报春花变成真正的"多年生"！

阳台园艺 TIP

- 最好将植物养在阳光充足的窗边，但夏季一定要放到阴凉通风处。
- 虽然植物喜湿，但过湿也要不得。一般来说，只要在每次表土干燥时一次性把水浇透即可。只不过在夏季来临时，一定要等深层土壤干燥时再浇水。
- 注意不要用太多氮肥，否则会导致植物无法开花。
- 容易患上灰霉病。凋谢的花朵要及时清理，平时也要注意保持良好通风。
- 容易受黑翅蕈蝇幼虫的侵袭。将黄色粘虫板固定在木筷上插入花盆，可以有效捕捉成虫。

无条件付出的奉献之花

康乃馨

难易度
上☑ 中□ 下□

分类
多年生

繁殖方式
播种（秋季），扦插

开花时间
终年开花

越冬温度
0℃以上

适宜温度
15~21℃

浇水
表土干燥时一次性把水浇透

阳光
☀☀☀越充足越好

雨后与你闲话花草

在韩国，康乃馨是送给父亲的花。韩国漂亮的本土花那么多，为什么偏偏要选“外来花”康乃馨来代表父爱呢？这还得从由西方传教士带入韩国的“母亲节”说起。在西方，人们有在母亲节给妈妈送康乃馨的习俗。如果母亲在世，就送红色康乃馨。如果母亲离世，就送白色康乃馨。那么，为什么母亲节一定要送康乃馨呢？这又得从圣经说起了。在圣经故事中，圣母玛利亚看到钉死在十字架上的耶稣，不禁流下伤心的眼泪。这些眼泪落入土地中，便变成了一朵朵美丽的康乃馨。所以，康乃馨一直被西方人认为是母爱的象征。

做一个美丽的鲜花蛋糕吧！

在父亲节和教师节到来时，你不妨试试用亲手栽种的康乃馨做一个鲜花蛋糕礼物。这样，不论送礼人还是收礼人都一定会感到意义非凡。康乃馨本来就是一种食用花，所以只要是没喷过农药的都可以放心食用。

扦插移植 （可避免植物徒长）

1 这是一株尚未开花、造型不够美观的康乃馨。我们可以从它身上取一些枝叶进行扦插。

2 剪下几段长约5cm的健康侧枝，注意要斜剪。然后，将底部叶片摘除，只留下6~8片。

3 找一个不太深的容器当花盆，放入适量土壤。然后，将枝叶插入土中，再充分浇水。以后，每次表土干燥时都要补充水分。只需1~2周，植物就会生根。

4 现在，植物结出了美丽的花苞。也就是说，扦插成功啦！

生长

1 对扦插成功的植物进行换盆。

2 勤于修剪可以使植物多生侧枝。当花苞长出后，就要每隔1~2周喷洒一次液体肥料了。

3 植物开出了美丽的花朵。从现在起，要小心病虫害了。

通风不良会导致植物腐烂

最近，越来越多的人爱上了盆栽康乃馨。毕竟比起几日就凋谢的鲜花，盆栽可以带来更持久的美丽。不过，对于园艺初学者来说，康乃馨并不是那么好养。它生性娇贵，一遇到通风不良就会腐烂，对霉菌等病虫害也缺乏抵抗力。要想养好它，必须注意以下几点:首先，要保证土壤的透气性。在换盆的时候，最好将培养土和磨砂土的比例控制在6:4，其次，要经常摘除靠近土壤的叶片。最后，一定要把花盆放在阳光充足、通风良好的窗边。

阳台园艺 TIP

- 播种繁殖很容易出现严重的徒长，不推荐。
- 虽然被称为“五月之花”，但其实夏季才是属于它的季节。
- 对营养的需求量很大。换盆时应多放一些肥料土，每隔1~2个月施肥一次。
- 在湿度较高的环境下修剪植物会导致茎部腐烂。
- 对霉菌、病毒、沙蝇等缺乏抵抗力。每个月喷洒一次蛋黄油可以起到防治作用。

抗菌效果一流，有美容和护胃功效的万能花

金盏花

花语：离之伤

雨后与你闲话花草

莎士比亚曾经在作品里这样提到金盏花——“它随夕阳入睡，伴朝日而泣醒”。多么浪漫的描述！你可能想不到，如此美丽的金盏花竟然是一种香草。由于它香味浓郁而独特，喜欢它的人喜欢得不得了，不喜欢它的人恨不得离它十米远。在众多香草植物中，它可以说是花朵最为“壮观”的了。它耐寒性强，可以在低至1~2℃的环境下过冬。只要掌握好播种时机，它就能一年四季在阳台上盛开。

采集种子

用刷子轻刷花蕊。受精成功后，花瓣会纷纷掉落，生出形状如同香蕉的子房。当子房变为褐色时，就可以采集种子了。

常用的化妆品成分

金盏花有“万能花”之称。它抗菌效果一流，可以有效镇定皮肤，所以经常被用作化妆品原料。另外，儿童护肤品中也经常添加金盏花成分。

播种

1 金盏花的种子十分独特，栽种起来很方便。

2 找一个一次性容器作为花盆，放入排水层和土壤。然后，用手指按压几个小坑，将种子放入其中，再充分浇水。

3 覆上保鲜膜以保持水分。最后，将花盆放到阳光充足的地方。

生长

1 在20℃的环境下，只需7~10天即可发芽。新苗容易东倒西歪，要多加一些土以固定位置。

2 现在，真叶长出了4~6片。由于植物的叶片较大、生长速度又比较快，换盆一定要及早进行，否则过多的根部纠缠在一起会导致植物生病。

3 找一个新花盆。先放一些小石子作为排水层，再将培养土和磨砂土以7:3的比例混合，放入花盆中。

4 最好以10cm为间隔将多株植物栽入一个花盆中。如果你想分开栽种，那就要选择直径10cm左右的花盆。

5 植物的叶片越长越多。为防止灰霉病，要经常检查植物通风是否良好。

6 植物开始生出一个个小花苞。随着花苞数量的增多，植物对营养的需求会越来越大，所以要定期喷洒液体肥料或施天然肥。

7 现在，花朵就快要盛开了。

8 终于，灿烂的金盏花开放了。你可以试试多养几个不同品种，这样就能欣赏到不一样的美丽了。

Calendula才是它的真名

不少人都以为金盏花就是万寿菊，可事实上它们是两种植物。万寿菊在英文中叫做“Marigold”，是“African Marigold”和“French Marigold”的合称。而金盏花的英文名是“Potmarigold”或“Calendula”。我们可以从叶子的形状来区分金盏花和万寿菊。万寿菊的叶子是尖尖的，金盏花的叶子是圆圆的。

阳台园艺 TIP

- 秋季播种，12月开花。春季播种，4月至初夏开花。
- 阳光不足会导致花苞枯萎、花朵开得小。
- 真叶长出10片左右时应该进行修剪。侧枝生得越多，花朵就开得越繁盛。
- 对病虫害的抵抗力很强。

香草中的治愈系，有缓解疲劳、改善睡眠之效的

英国薰衣草

花语：沉默

雨后与你闲话花草

从20岁起，我就成了疯狂的精油爱好者。而我最喜欢的莫过于薰衣草精油了。它可以缓解头痛、护肤祛疤、帮助睡眠、消炎止痒等等。如此万能的薰衣草，养起来竟然一点儿也不难。而且它既美观又可食用，新鲜的叶片可以泡茶，晒干的叶片可以用作香辛料。它的味道与香甜的面包点心格外般配，所以经常被当做甜点原料。

制作薰衣草香包

将薰衣草的花和叶子放在阴凉通风处，等它干燥之后再放入漂亮的网袋中，即变成了美丽的薰衣草香包。如果你找不到好的网袋，用洋葱袋子或丝袜替代也不错。将香包放在枕头底下入睡，会让你一整天的疲劳烟消云散。

播种

1 薰衣草的种子属于需光发芽种，细小而富有光泽。它的发芽率比较低，所以一次最好多撒一些。

2 找一个一次性容器作为花盆，在底部打几个排水孔。然后，在花盆底部铺一层磨砂土作为排水层，再放入适量土壤。接着，将种子放入对折的纸中轻轻抖落到土壤表面，再轻轻按压使其完全贴合于土壤。无需再覆土。

3 覆上保鲜膜，以保持花盆湿度。在发芽前，应每日清晨用喷雾器喷水，使土壤始终保持比较湿润的状态。

生长

1 在20~30℃的环境下，发芽需要2~4周。

2 现在，真叶已经长出了4~6片，可以进行换盆了。

3 薰衣草对通风的要求很高，所以最好将各株分开栽种。

4 为使植物造型丰满，应勤于摘芽。

5 摘芽的方法很简单，只要用手将新芽摘去即可。

6 梅雨季节应避免植物过湿。当植物过湿时，会出现叶尖发黑等症状。

7 如果希望植物长成树形，应该先任由植物长高，等其到达合适高度时再摘芽。

8 现在，植物长势喜人。要想它越长越好，就要开始施肥了。如果你准备拿来食用，就只能使用天然肥料。

要想品尝美味，就养英国薰衣草吧

虽然几乎所有品种的薰衣草都可食用，但并不是每一种都那么好吃。如果你又想做薰衣草装饰品，又想喝薰衣草茶、吃薰衣草美食，但阳台空间又不够，那我就推荐你养英国薰衣草。它味道微甜，即便是第一次吃花的人也不会感到难以接受。它的花可以用来泡茶，叶子可以在晒干后用作香辛料。

阳台园艺 TIP

- 适合扦插繁殖，但生根较慢，大约需要3~4周。
- 对高温、潮湿缺乏耐受力，在梅雨季节尤其煎熬。
- 对病虫害的抵抗力较强，但在夏季虚弱时容易受沙蝇、白粉病的侵袭。平时要注意通风，一旦发现病情要及时喷洒蛋黄油。

清潭洞大厨最爱的香辛料

迷迭香

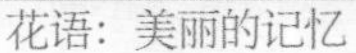
花语：美丽的记忆

雨后与你闲话花草

即便是对香草一窍不通的人，也或多或少听到过迷迭香的大名。它芳香四溢，具有卓越的杀菌、消毒、驱虫功效，被广泛用于沐浴用品、芳香剂、茶叶、香辛料的制作。它的学名为“Rosemarinus”，即拉丁语“ros”和“marinus”的合成词，有“海洋露珠”的含义。虽然它素来以难伺候而闻名，但只要你掌握好浇水的时机与分量，养起来就毫无压力。即便是在阳光不足的阳台或庭院中，它也能很好地适应。不少人听说它有净化空气、提神醒脑的功效，便将它放到书房中栽培，殊不知这样做万万不可。毕竟，任何一种植物都离不开充足的阳光和良好的通风。如果下次花店老板再给你说“这种植物养在房间里也没问题”，就让她见鬼去吧！

动手来做香草盐

香草盐的制作方法很简单，只要将洗净晒干的迷迭香叶片和适量粗盐混合即可。在烹制肉类或海鲜时加一点点香草盐，就能让菜肴的味道一下子鲜美起来呢！

采集种子

1 迷迭香的种子是需光发芽种。

2 找一个一次性容器做花盆，放入适量土壤，充分浇水，再撒入种子。然后，用手指轻轻按压种子，使其完全与土壤贴合。接着，往花盆里喷一些水。最后，在花盆上覆上保鲜膜以保持水分。注意每天早上要喷一次水。

3 初期生长速度很慢。在20~25℃的环境下，需要2~3周才会发芽。1个月后，会长出2片真叶。2个月后，会长出4片真叶。

4 植物长高了许多，开始散发迷迭香特有的味道。这期间植物长得很快，要及时换盆。要想植物多生侧枝就要勤修剪，剪下来的枝叶可以泡茶喝。

扦插繁殖

1 用修剪下来的枝叶进行扦插。

2 底部歪歪斜斜的没关系，只要顶端正直就好了。注意要将底部叶片摘除。

3 找一个一次性容器做花盆，在底部打几个排水孔，放入干净的土壤。然后，用手指按压一个小洞，将植物插入其中。最后，充分浇水。

4 如果气候比较干燥，最好用盖子将花盆盖起来，以保证空气湿度。

为什么迷迭香的味道如此持久？

为什么碰过迷迭香或修剪过迷迭香枝叶后，手上会留下黏乎乎的感觉和久久不散的香味呢？原来，这都是叶片上的油分在作祟。很多香草的叶片上都有“油孔”，它们是植物自我保护的武器。每当有外部刺激出现时，油孔就会自动分泌出气味强烈的油分，以达到驱赶“敌人”的目的。

阳台园艺 TIP

- 应该将花盆放在阳光充沛、通风良好的窗边。
- 换盆时，要将培养土和磨砂土以7:3的比例混合，并加入肥料土。有了肥料土，到下次换盆前都不用再施肥了。
- 抗旱性很强，当叶片干瘪时只需浇一次水就能恢复活力。不过，长期不固定的浇水会导致植物虚弱，所以最好还是在每次表土干燥时一次性把水浇透。
- 过度繁茂的枝叶会导致通风不良，引起病虫害滋生。因此，最好定期修剪枝叶。
- 容易感染沙蝇和白粉病。要经常注意观察，并每月喷洒一次蛋黄油。

强烈推荐，意大利料理中的必备香料

罗勒

难易度
上□ 中□ 下☑

分类
一年生

繁殖方式
播种（一年四季均可）

开花时间
播种后3个月

越冬温度
无法越冬

适宜温度
25~30℃

浇水
表土干燥时一次性把水浇透

阳光
☀☀适合生长在半阴地

花语：祝福

雨后与你闲话花草

罗勒这个植物名来源于希腊语中有国王之意的“basileus”一词，所以它素来有“香草之王”的美誉。在古希腊，它是王室贵族才用得起的名贵药材，可见这个“王”字绝非浪得虚名。它易于栽种、生命力旺盛，非常适合种在厨房花台上。它的叶片和茎部全都有用，可谓周身是宝。它品种丰富、香味各异，养起来别有一番情趣。对于园艺初学者来说，它可是最适合不过的五星级植物呢！

采集种子

无需人工授粉即可结种。当子房变为褐色时，即代表种子成熟。将花柄剪下来放在报纸上轻轻抖动，即可将种子收集起来。

有助于消化的罗勒茶

如果你有消化不良的毛病，不妨试试多喝罗勒茶。它既有助于消化，又有定气凝神、缓解头痛的功效。

播种

1 罗勒的种子是需光发芽种，放到水中会形成蝌蚪卵似的透明薄膜。

2 将矿泉水瓶剪下一半，在盖子上打几个排水孔，再套上可悬挂的提手。

3 放入适当土壤，充分浇水。然后，用沾过水的牙签将种子一粒粒放入土壤中，再轻轻按压使其完全贴合于土壤。最后，用喷雾器喷些水，覆上保鲜膜，即算大功告成！

生长

1 在20~25℃的环境下，只需7~10天即可发芽。

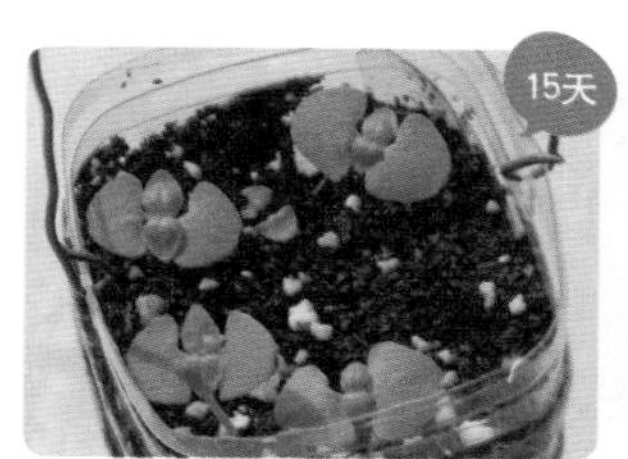

2 现在，真叶长出了2片。

3 现在，叶子稍稍有些偏干，散发出了香草特有的芬芳。当真叶长出4~6片时，即可换盆。

4 在换盆途中，根部有可能出现断裂，无需过分紧张。

5 现在到了收获的季节，尽情享受美味吧。你可以只摘叶片，也可以连着茎部一起摘下来。修剪茎部会促使植物多生侧枝。

6 现在，植物开出了一朵朵可爱的小白花。一旦开花，植物的味道就会逊色许多。所以，最好勤于修剪以避免花朵生出。

如果叶子晒不干，就做成酱汁吧！

在梅雨季节，较高的空气湿度会导致采摘下来的罗勒叶无法干燥甚至发霉。如果你家里有烘干机或烤箱，问题倒好解决。但如果没有，就干脆试试把叶子做成酱汁吧。罗勒酱的制作方法很简单。只要将叶片洗净去掉水分，与适当橄榄油混合，再放入冰箱即可。如果你家里有冰格的话，不妨将它们一个个装入格子中，这样每次做意大利面、披萨、炒饭、咖喱的时候，拿一小格出来就可以了。

阳台园艺 TIP

- 将花盆放在阳光充足、通风良好的地方。
- 终年均可播种，但在春天播种收成最好。
- 扦插方法很简单，只要将枝条剪下放入清水中即可生根，到时再移入新花盆即可。

和我一起喝杯花茶吧!

甘菊

雨后与你闲话花草

甘菊是一种散发着苹果香味的美丽植物，它的希腊语名为“chamai melon”，意为“从地上长出的苹果”。它有着野草般强韧的生命力，被认为是坚韧与力量的象征。它喜欢在低处生长，所以经常被用作草坪装饰。一年生的德国甘菊和多年生的罗马甘菊是最常见的品种。其中，高约30cm的罗马甘菊更适合养在阳台花园。

享受美味的甘菊茶

即便是不爱喝花茶的人，也不会拒绝清新淡雅的甘菊茶。它不仅美味，还有预防感冒、消除疲劳、缓解头痛的功效。制作甘菊花茶的方法很简单，只要将稍稍枯萎的甘菊花摘下来放到阴凉通风处晒干，再放入密闭容器中即可。

播种

1 甘菊的种子属于需光发芽种，非常细小。要想保证发芽率，最好在纸巾上播种。

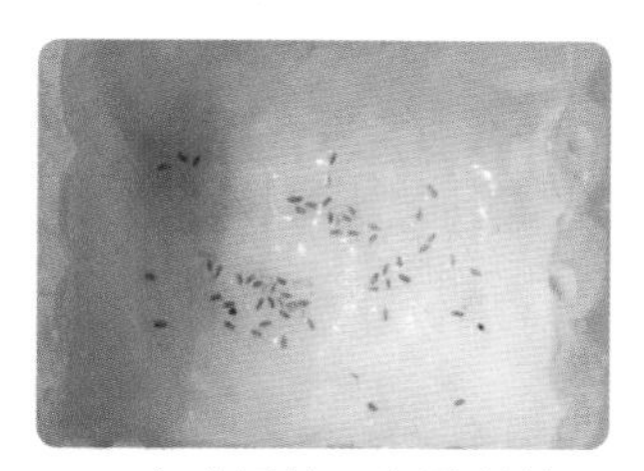

2 在碗里放一张浸湿的厨房纸，再撒入种子。在碗上盖上保鲜膜，放到阳光充足的窗边。

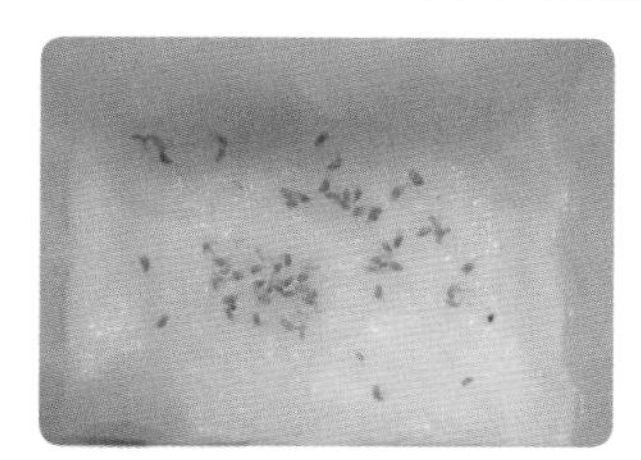

3 在20~25℃的环境下，只需3~4天即可发芽。在子叶展开前，用镊子或牙签将幼苗小心地移入土壤中，再覆上保鲜膜。

生长

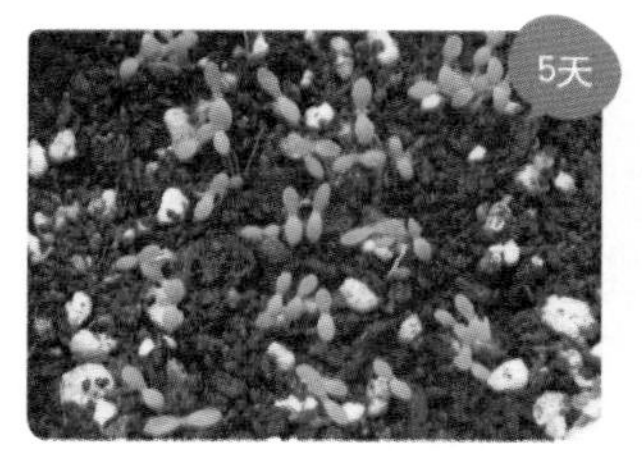

1 当子叶正式长出后，即可去掉保鲜膜。每天早上在花盆中喷一些水，以保持土壤湿度。

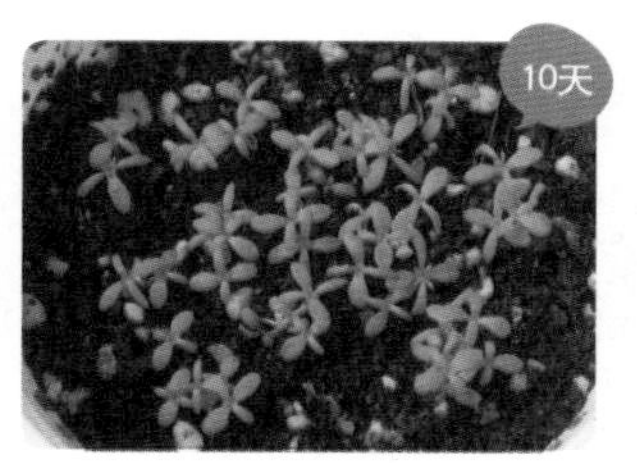

2 当真叶长出2片时，即可拔除长得不够健康的新苗。从此时起，要在每次表土干燥时一次性把水浇透。

3 初期生长速度相当快。现在，可以换盆了。

4 如果打算将多株种在一起，要保证各株植物间的距离在10cm以上。换盆后，别忘了依然在每次表土干燥时一次性把水浇透。

5 如果发现有蚜虫，可以用蛋黄油杀灭。

6 主茎越长越粗，个头也越来越高。很快，花柄就会生出了。

7 现在，植物结出了一个个小花苞。

8 终于，一朵朵美丽的甘菊花盛开了。要是你想喝上好的菊花茶，就别等着繁华盛开，直接在花开后2~3天内采摘。

对身体好处多多的甘菊茶

甘菊茶不仅可以缓解压力、改善体寒、治疗感冒和各种炎症，还对妇科病有一定的疗效，尤其适合女性饮用。散发苹果香味的甘菊花在开放后2~3天内香味最佳，所以切勿错过采摘良机。甘菊不仅有益于人体健康，还能治愈植物。将甘菊放到感染病虫害的植物旁边，或者直接用甘菊水浇在植物花盆中，可以很快使虚弱的植物恢复生机。所以，也有人说它是“植物医生”。

阳台园艺 TIP

- 喜阳，但不宜在高温干燥的环境下生存。
- 花柄生出后，容易出现徒长症状，最好放在阳光直射的地方。
- 花朵的开放时间为一周左右，开放后2~3天内香气最浓郁。最好在上午将花朵采摘下来，放在阴凉通风处自然风干。
- 种得太过拥挤或使用过多氮肥会导致病虫害滋生。每月喷洒一次液体肥料已足够。

色香味俱全的

旱金莲

花语：护国之心

雨后与你闲话花草

旱金莲是香草界难得一见的华丽植物，它的美貌即使与许多观赏性植物相比也毫不逊色。如果你在早春时节播种，它的花朵就能一直开到岁末寒冬。它耐寒性强，在比较温暖的阳台上可以养成多年生植物。不过，它的耐热性较差，在炎热高温的夏季很容易夭折。它的学名为“Tropaeolum”，来源于希腊语中有战争纪念碑含义的“tropaion”一词。这是因为在古希腊人心目中，它象征了特洛伊士兵在战争中流下的鲜血。它那圆圆的叶子犹如一个个盾牌，花朵的形状又恰似战争中的号角，所以人们将它的花语设为了“护国之心”。

就这么吃

旱金莲的茎、叶、花均能食用。它的花朵是制作鲜花拌饭的绝佳材料，味道清新的叶子又可以用来包肉吃。它富含维他命C、铁等营养成分，对我们的身体大有益处。

播种

1 旱金莲的种子外包裹着一层坚硬的外壳，要放入热水中浸泡一晚上才能播种。你可以去壳后再播种，也可以直接播种。

2 找一个一次性容器作为花盆，在底部打几个排水孔，再放入适量土壤。然后，将种子按一定的间隔放入土中。最后，覆盖上相当于种子分量2倍的土壤，再充分浇水。

3 为保持花盆内水分，应覆上保鲜膜，并在每天早上喷水。

生长

1 在20℃左右的环境下，只需7~10天即可发芽。

2 现在，植物长出了又圆又大的子叶。这表明真叶很快就会长出了。

3 现在，真叶已经长出了一片。加入适量土壤，以保证植物不倾倒。

4 现在，真叶已经长出了3~4片，可以换盆了。

5 你看，这一片片圆圆的叶子多么可爱！如果你担心叶子东倒西歪，可以将植物移入悬吊式花盆中，或在花盆中放入支撑架。

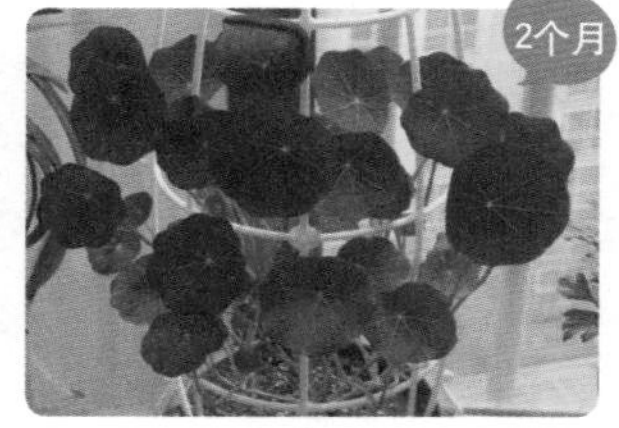

6 叶片密集会导致通风不良，应时不时对叶片进行修剪。剪下来的叶片可以做沙拉，也可以用来包肉吃。

7 播种后2个月左右，就会有细小的花苞生出。

8 一朵朵鲜艳的红色旱金莲开放了。

最好在冬末或早春播种

每年冬末或早春，也就是1月初到2月初是最适合播种旱金莲的时候。因为播种后1个月左右，逐渐回暖的气温就会使植物茁壮成长。这样，从三四月份到炎夏之前，我们就能一直欣赏到鲜艳美丽的花朵了。如果你选择秋季播种，植物的初期生长速度会很慢。如果你选择春季播种，植物的开花季就会延迟到夏天，而暑热高温必然会导致植物开花失败。另外，我们别忘了寒冷季节中室内温度总是比户外高一些。如果你在阳台上播种后发现气温还是不够暖，可以将植物移入室内，只在白天出太阳的时候拿到阳台就可以了。

阳台园艺 TIP

- 生长速度快、容易徒长，一定要放在阳光最充足的窗边。
- 喜寒不喜热，容易在酷暑或梅雨季节天折。但只要熬过了夏季，就能在秋天再次开花。
- 容易受潜蝇的侵袭。

充满酸甜柠檬香的

柠檬香蜂草

雨后与你闲话花草

柠檬香蜂草素来有“万能香草”的美誉。它造型可爱、味道清新、富含营养，经常被作为芳香剂、美容品和保健品的添加成分。它具有卓越的抗菌提神效果，可以缓解疲劳、舒缓压力、增强记忆力，尤其适合放在备考学生的书房中。另外，它还能帮助治疗忧郁症、神经性头痛和痛经等疾病，是广大女性的福音。这还不止呢！它的防脱发、降血压效果也是一流，对于中老年人群来说同样益处多多。如此集万千优点于一身的植物，真是打着灯笼也找不着呢！将叶片摘下来泡茶喝可以使植物发挥出最大功效。

制作柠檬香蜂草护发素

将适量柠檬香蜂草和食醋装入玻璃瓶中，轻微摇晃后静置2~3周。然后，将过滤好的液体放入密闭容器中。每次只要取出20ml与适量清水混合，再弄到头发上稍加按摩，即可起到良好的护发效果。

播种

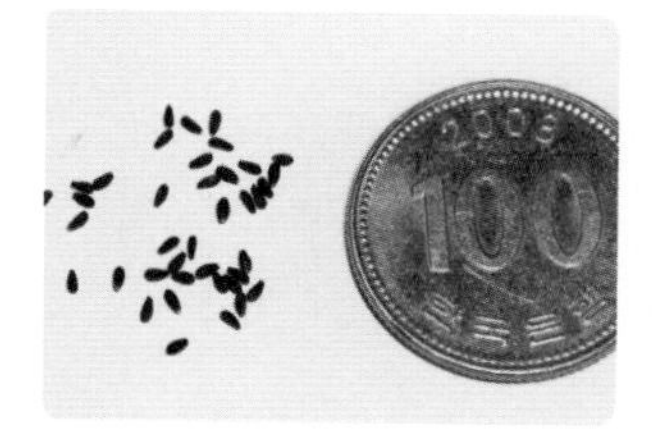

1 柠檬香蜂草的种子黑而细小。作为一种需光发芽种，它在播种后无需再覆土。

2 找一个一次性容器做花盆，在底部打几个排水孔，再放入适量土壤，充分浇水。接着，用沾过水的牙签将种子一颗一颗地移入土壤中。如果你手头上种子比较多，也可以直接撒在土壤上。

3 在土壤表面喷洒适当水分，再覆上保鲜膜。最好选择带盖子的透明容器，以便于盆内湿度的维持。在植物发芽之前，要坚持每天早上喷一次水。

生长

1 在18~23℃的环境下，只需5~10天即可发芽。如果新苗东倒西歪，就要进行覆土。

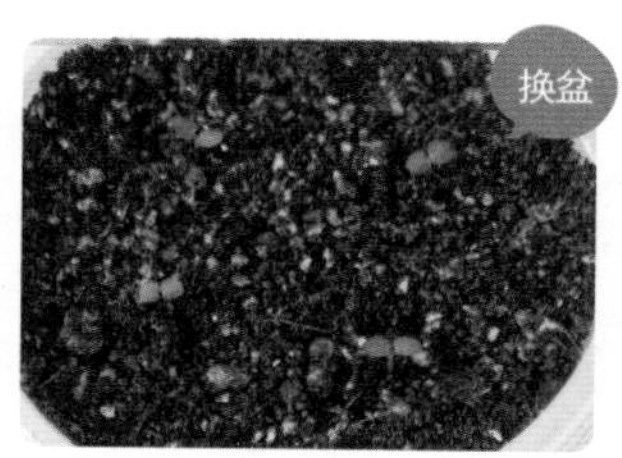

2 将新苗长歪的部分用土壤掩埋起来，只保留子叶在外面。

3 现在，植物长大了许多，真叶也已经长出了4片。

4 植物生出了许多侧枝。勤于摘芽可以使植物多生侧枝。摘下来的嫩芽可以泡茶喝。

5 将植物移入更大更深的花盆中。可以加一些天然肥料在土壤中。

6 可爱的柠檬香蜂草正在茁壮成长！顶端的叶片可以摘下来泡茶或做饭。

适合初学者的香草植物！

柠檬香蜂草生命力很强，是最适合初学者栽培的植物之一。它喜欢不太强烈的阳光和充足的水分，即便你不小心浇多了水也不会轻易死去。它的叶片散发着浓浓的柠檬香，只要轻轻一摸就久久不会散去。就算是对香草毫无研究的人，也可以轻松将它照顾好哦！

阳台园艺 TIP

- 最好放在每天日照时间只有2~3个小时的半阴地。
- 非常喜湿，每次表土干燥时都要尽快充分浇水。
- 每次浇水时营养成分都会随着水分流失，所以需要时不时地补充天然肥料或肥料土。
- 抗击病虫害的能力很强，但有时候会受到沙蝇的侵袭。如果发现叶片上出现一些小白点，就要小心地清洁叶子背面。

最适合初学者的香草

胡椒薄荷

难易度
上□ 中□ 下☑

分类
多年生

繁殖方式
播种（一年四季均可），扦插

开花时间
晚春

越冬温度
户外越冬

适宜温度
15~20℃

浇水
表土干燥时一次性把水浇透

阳光
☀☀适合生长在半阴地

花语：温暖

雨后与你闲话花草

你听说过“薄荷醇”吗？它是一种存在于牙膏和口香糖中的成分，可以给人带来清凉畅快的感觉。胡椒薄荷中就含有这种成分，所以吃起来格外清凉。胡椒薄荷是水薄荷与绿薄荷杂交而成的品种，香味中夹杂着类似于胡椒（pepper）的刺激味道，所以才被冠以这个名字。它有卓越的抗菌、镇痛功效，早在古埃及罗马时期就是人们常用的药物和香料。

好一杯清凉的薄荷茶

疲倦、头痛或消化不良时，来一杯薄荷茶真是再适合不过了。它那清新畅快的香味一定能让你的心情瞬间明朗起来。

播种

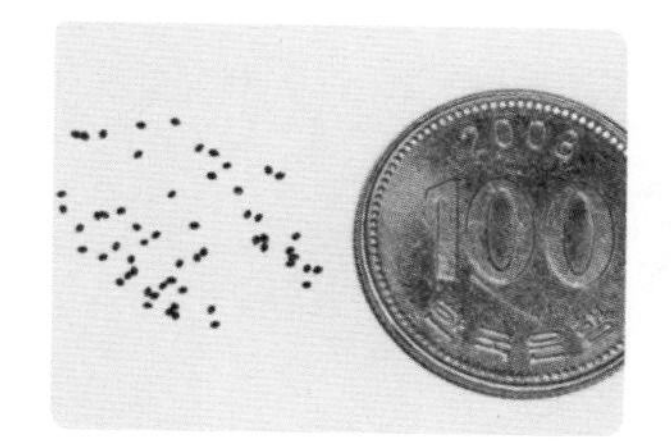

1 胡椒薄荷的种子黑而细小。

2 找一个一次性容器作为花盆，在底部打几个排水孔。然后，放入适量土壤，再充分浇水。接着，用沾过水的牙签将种子一粒粒移入土壤中。如果你手头上种子很多，也可以直接撒种。播种完成后无需覆土。

3 用喷雾器喷一些水，再盖上保鲜膜。为保证土壤湿度，最好选择带透明盖子的容器作为花盆。在发芽之前，要保证每天早上给植物喷一次水。

生长

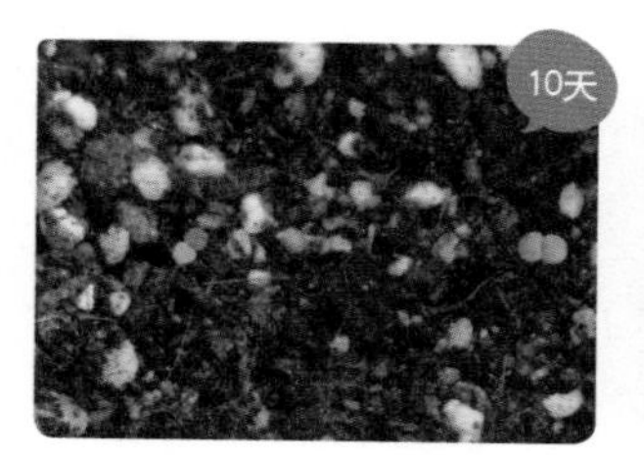

1 在20℃左右的环境下，只需7~10天即可发芽。新苗十分柔弱，浇水时要格外小心，以免水流将其冲倒。

2 现在，真叶长出了4~6片。植物本身生长速度很快，如果你不喜欢看到它们太拥挤，就最好早点换盆。

3 摘叶可以促使侧枝多生。摘下来的叶子可以用来泡茶。

4 现在，植物长势一片大好。不用一两个月，花盆就会装不下了。如果你不喜欢频繁换盆，就最好勤于修剪枝叶。

生命力之王

你总在为植物徒长而担忧？你总忙于为植物张罗支架、固定位置？如果你养的是胡椒薄荷，那么这一切都不必要了，因为这种植物的生命力是无与伦比的。哪怕它倒下了，也能很快落地生根。哪怕你对它关心不够，它也能自己发展壮大。如果你把它种在户外，它说不定还会战胜那些以强韧而著称的杂草呢！

阳台园艺 TIP

- 适合生长在阳光充足、通风良好的窗边。
- 喜欢凉爽的天气。到了炎夏季节，一定要把它养在通风好的地方。
- 每次浇水时，土壤中的养分都会随着水分而流失。所以，要定期施肥或添加肥料土。
- 根须过多会导致植物生病，所以一定要及时换盆和修剪根部。

用花草让你的家四季如春

宿根·球根

在严冬华丽盛放的

勋章菊

花语：羞涩

雨后与你闲话花草

勋章菊从枝叶到花瓣无不散发着精致的美丽。它的色彩缤纷而不杂乱，犹如一首华丽的乐章。记得我第一次在花卉展上看到它时，简直喜欢得不得了，一连拍了好多照片。虽然它并不是热门的阳台植物，但我诚心地向每一位读者推荐它。一是因为它开花时间够长。只要保证每天3~4个小时的阳光照射，它就能在春、夏甚至秋、冬不断开出花朵。二是因为它生存能力够强。它很少受到病虫害的侵袭，也丝毫不畏惧寒冷，即便是在露天的阳台上也能越冬。

播种

1 图片中分别是剥好的种子、带绒毛的种子和市面上的种子。这三种种子在发芽率上几乎没有差别。

2 找一个纸杯作为花盆，在底部打几个排水孔。然后，将土壤放入其中。接着，将种子有间隔地撒在土壤表面，再轻轻盖上一层土壤，直到种子被完全覆盖。最后，充分浇水。

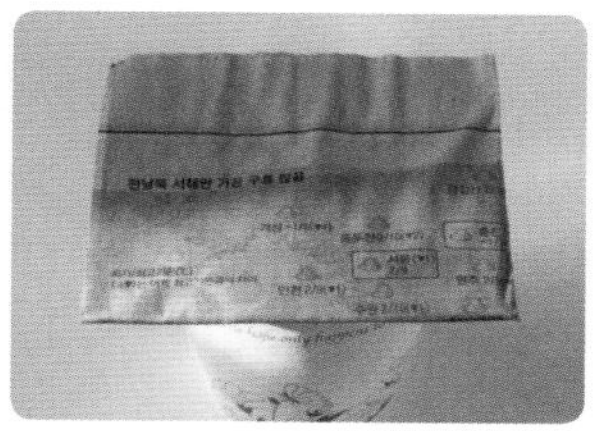

3 勋章菊种子属于需暗发芽种，所以需要在花盆上覆盖一张报纸，以达到避光、保持湿度的目的。为保证土壤不干燥，还应该每天用喷雾器洒一些水。

生长

1 在20℃的环境下，只需7~10天即可发芽。

2 现在，植物已经长出了3~4片细长的真叶，可以进行换盆了。

3 找一个类似于鸡蛋盒的容器作为花盆，在底部打几个排水孔。然后，将清洗干净的磨砂土和培养土以1:1的比例放入。

4 换盆后2~3天后，应将植物移入阴凉处，以免生病。

5 由于叶子本身比较细长，所以一个月过去后还是没有太大变化。

6 一个个小花苞开始长出了。从现在起，要注意防治病虫害了。

7 从花苞到花朵，整整经历了一个月时间。红艳的花朵让人心情大好。

8 每当夜幕降临，花瓣就会全部收拢，到第二天早上才再次开放。

叶子背面有一层白色绒毛

如果你发现勋章菊的叶子背面出现一层白色绒毛，就说明需要杀虫了。很遗憾的是，最好用的天然杀虫剂蛋黄油竟然不适用于勋章菊，因为其中的油性成分会堵住植物的呼吸道。要想去除勋章菊上的绒毛，就要使用不含油的天然杀虫剂。

阳台园艺 TIP

- 将花盆放在家中阳光最充足的地方。
- 大部分勋章菊的茎部可以长到6~7cm粗，但如果养在小花盆中，也可以长成迷你型的。
- 喜旱不喜湿。浇水时应在深层土壤干燥时一次性把水浇透。
- 即便在贫瘠的土壤中也能健康成长。无需大量施肥，但每个月至少要喷一次液体肥料。

终年开着可爱花朵的小树

五色梅

难易度
上□ 中□ 下☑

分类
多年生

繁殖方式
播种（一年四季均可），扦插

开花时间
终年开花

越冬温度
5℃以上

适宜温度
16~30℃

浇水
表土干燥时一次性把水浇透

阳光
☀☀☀ 越充足越好

花语：我心不变

雨后与你闲话花草

五色梅是一种开着可爱花球的植物，每一个小花球从开放到凋谢都会变换成红、粉、橙、黄等多种颜色，所以又被称为“五彩花”。颇有意思的是，如此变化多端的它花语竟然是“我心不变”。由于它缤纷美丽、花期绵长，西方人一直把它当作绿化植物栽培。而在它的原产地美洲热带地区，人们却只把它当作路边野花。

采集种子

栽种在阳台上的五色梅必须通过人工授粉才能结种。人工授粉的方法是将一根针小心地插入花蕊中沾一些花粉，再将花粉沾到其他花朵的雌蕊上。雌蕊和雄蕊都藏在小花中，找起来不太容易。授粉成功后，植物就会结种。当种子变为黑色时，就可以采集了。

播种 9~10月间适合播种

1 选择一段开过花的枝条，剪下手指长度，摘掉底部叶片。根部会直接从截断面生出，所以无需特意保留枝节。

2 可以扦插在土中，也可以水培。在植物长出根部前，要一直放在阴凉通风处。

3 15天后，植物开始生根。一个月后，根部就会长到图中的长度。当然，季节和温度会对根部的生长造成影响。在根部完全长好前，要耐心等待，并时不时为植物补充水分。

4 现在，可以将植物移入花盆中了。先充分浇水，再用木筷扎一个深而宽的洞，将植物根部小心放入其中。最后，再次充分浇水。

5 这是换盆后1个月的照片。可以看到植物长高了一截。

6 现在，植物生出了一个个奇特的小花苞。

7 终于，一朵朵可爱的小花盛开了。从扦插到开花刚好3个月。

植物有毒！有小孩的人家要小心了！

五色梅是一种周身带着毒素的植物，过度触摸可能会引发皮肤瘙痒，吞食则会引起呕吐、腹泻、呼吸困难等严重后果。如果你家中有小孩或宠物，就要格外小心了。在施肥充足的情况下，它的叶子会长得十分肥大，恰似我们经常吃的芝麻叶，特别容易引起孩子误食。不过一般来说，正常接触并不会造成问题，没有小孩的家庭大可以放心栽种。

阳台园艺 TIP

- 适合扦插，但也可以播种繁殖。播种前，要将种子放入水中浸泡一整夜。在22~24℃的环境下，发芽需要1~2个月。在等待发芽期间，要注意保持土壤湿度。
- 有阳光才会开花。所以最好养在阳光充足的窗边。
- 终年开花，所以对营养的需求量比较大。应该每隔1~2个月施肥一次。
- 容易引来温室白粉虱。购买现成植物时，应检查叶子背面是否有虫卵，并在拿回家之后立刻喷洒杀虫剂。

那个女孩中意我

玛格丽特菊

难易度
上□ 中□ 下☑

分类
多年生

繁殖方式
扦插

开花时间
春季，秋季

越冬温度
0℃以上（品种间有差异）

适宜温度
15~23℃

浇水
表土干燥时一次性把水浇透

阳光
适合生长在半阴地

花语：占卜爱

雨后与你闲话花草

你一定在影视剧中见过这样的场景吧？一个女孩手持鲜花，一边扯着花瓣一边说："他爱我，他不爱我……"。这种"花占卜"中所要用到的花就是玛格丽特菊了。玛格丽特菊和雏菊非常相似，很多人以为它们唯一的区别就是一个多年生，一个一年生，可事实上它们都是多年生。除了外表略有差异外，玛格丽特菊和雏菊的生长环境和栽培方法几乎毫无分别，所以把它们看成同种植物也没什么问题。只不过玛格丽特菊的耐热性比较差，在仲夏季节容易夭折。但一旦它熬过了夏天，就能以无穷的生命力孕育大片的花朵。只要成功越冬，它们就会在第二年春天开得更加繁盛。如果你想拥有一片阳台花海，那么养它就准没错！

播种

1 剪下一段长约10cm的枝条，只保留顶部叶片。

2 将枝条插入干净的水中。

3 1~2周后，就会有根须长出。水培扦插一年四季均可进行，秋季最好，只需2~3天即可生根。现在，可以将植物移入花盆中了。

生长

1 移入花盆后两个月，长出了许多新叶，现在，应该把植物移入大花盆了。

2 即便是移入两倍原来大小的花盆中，仍然感觉有些装不下了。现在，植物生出了一个个小花苞。

3 漂亮的花朵盛开了。这段时间植物特别缺水，一定要注意及时浇水。

4 花朵全部凋谢、气温升高之后，要对植物进行修剪，并移至半阴地。

注意通风，别让你的阳台变成蒸笼！

在原产地，玛格丽特菊是终年开花的。但由于它耐热性差，在韩国这样的气候环境下只能在春天开花。一旦夜晚温度超过21℃，植物就会无法结出花苞。到了25℃以上，植物的花期就会大幅缩短。即便是经过改良的耐热品种，也无法在夏季开出正常大小的花朵。在气温炎热的年份，它们会变得格外虚弱，一直到秋天也无法恢复活力，开花时节自然也就延迟许多。如果不利的气候条件再加上不理想的通风，植物的处境就更加艰难了。有的阳台如果不开窗，夏季气温足足会高达40℃，而南向阳台甚至到了秋天气温也会保持在30℃。总之，要想养好玛格丽特菊，一定一定要注意保持良好的通风。

阳台园艺 TIP

- 适合生长在阳光适宜、通风良好的环境下，夏季应尽量将花盆放到阴凉通风处。
- 花谢之后应及时修剪枝叶。每两年应在秋季换盆一次。在春季和秋季，应每隔1~2个月施肥一次。
- 抗病虫害的能力很强。

一年四季照亮房间的

非洲紫罗兰

花语：永远的友谊

雨后与你闲话花草

非洲紫罗兰有“室内植物之王”的美誉，是花市中一年四季均能买到的常见植物。它最适合养在阳光温暖的窗边，但即便放在阴凉处也能生长。有的人说它可以在日光灯下开花，这话并不靠谱。日光灯只能帮助植物维持健康，并不能促使植物开花。事实上，已经有人做过实验，在连续几个月的时间里每天将植物放在日光灯下20个小时，结果就是植物根本无法开花。所以，一定要把植物放在阳光温暖的窗边才行哦！

难易度
上□ 中☑ 下□

分类
多年生

繁殖方式
叶插，分株

开花时间
终年开花

越冬温度
15℃以上

适宜温度
15~25℃

浇水
表土干燥时一次性把水浇透

阳光
适合生长在半阴地

叶插繁殖

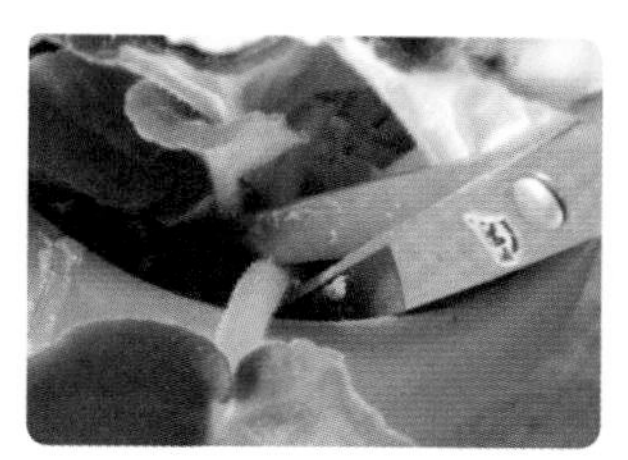

1 剪下一段大小适中、健康的叶子。

2 将叶柄放入水中，注意不要让叶片沾水。在容器上覆盖保鲜膜再插入叶子是不错的办法。

3 2~4周后，根部就会生出。现在可以把植物放入土壤中栽培了。

4 移入土中2~4周后，植物长出了新叶。从现在起，要注意每次表土干燥时一次性把水浇透。

生长

1 现在，新叶已经长出了许多。原本扦插繁殖时用的叶子会渐渐枯萎消失。

2 现在，植物长得像模像样了。同时种在一个花盆中会导致生长缓慢。所以最好分开栽种。

3 终于，植物生出了一个个小花苞。从叶插到结出花苞通常需要8~12个月。

4 现在，一朵朵美丽的花儿竞相开放。为避免弄破花瓣，最好采取底部浇水。

花谢不再开

非洲紫罗兰一旦开花，花柄就会不断向上生长，经过一个月的时间形成繁花似锦的景象。也许是因为这个过程消耗了太多能量，花谢之后的一两个月里很可能出现花不再开的情况。这时候无需心急，只要每隔两周喷洒一次液体肥料，耐心地等待即可。等植物缓过这口气之后，一定会再次开出灿烂的花朵来。但如果你等了6个月以上仍然不见植物开花，就要反省是不是浇水的问题了。非洲紫罗兰本身很耐旱，但绝对不能总是在它渴得不行之后再浇水。因为饥渴的植物忙于维持自己的生命，根本无暇顾及开花。有时候土壤早就干得裂开了，叶子却依然没有干瘪，所以千万不能以叶子的健康状况来判断植物的缺水度。要想做好非洲紫罗兰的水分管理，一是要在土壤中混入一半以上的磨砂土以保持排水性，二是要坚持在每次表土干燥时及时地一次性把水浇透。

阳台园艺 TIP

- 换盆时将土壤与磨砂土以1:1的比例混合。春、秋季节应每隔两周喷洒一次液体肥料。
- 耐寒性差，冬天一定要移入室内。
- 叶片沾水后会留下水渍，应采取底部浇水法。
- 冬天的冷水会冻伤根部，应将水放在室内静置一段时间，等温度适宜之后再浇。

以花球展现细腻之美的

美女樱

难易度
上□ 中□ 下☑

分类
多年生

繁殖方式
播种（一年四季均可），扦插

开花时间
终年开花

越冬温度
5℃以上

适宜温度
10~25℃

浇水
表土干燥时一次性把水浇透

阳光
☀☀☀越充足越好

花语：家庭和睦

雨后与你闲话花草

不少人都以为美女樱是一年生植物，但事实上它在阳台上也可以培养成多年生。它的花朵只有指甲盖大小，朵朵簇拥，形成了一个个漂亮的花球。再加上它颜色鲜艳、充满浪漫气息，一直是鲜花礼物中必不可少的。它在室内容易徒长，我们可以利用这一点将它养在悬吊式花盆中，以便欣赏到“一帘幽梦”的浪漫景象。大部分花朵的花语都与爱情有关，而美女樱的花语却是“家庭和睦”。这也许是因为单朵的美女樱花不起眼，紧紧凑在一起却格外漂亮的缘故吧！

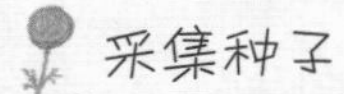

采集种子

将牙签插入花蕊，沾取花粉，再沾到不同的花朵上。受精成功后，花朵会迅速凋落。当子房变为褐色时，就可以采集种子了。

播种

1 美女樱的种子为需暗发芽种。播种前要先将种子浸泡在水中约5个小时，再去除表壳。

2 找一个一次性容器作花盆。在底部铺一个洋葱网袋，放入适量磨砂土或泡沫，再放入适量土壤。如果容器本身比较浅，不铺排水层也是可以的。

3 将种子按一定的间隔撒入土壤中，再覆上适量土壤至种子完全不可见。最后，充分浇水。

4 为保持湿度、阻隔光线，应用湿润的报纸将花盆盖起来。每天至少喷水一次。

生长

1 在20℃的环境下，发芽需要1~3个星期。新苗喜欢湿润，所以每次表土干燥时要及时浇水。

2 现在，真叶长出了2~4片。为防止植物徒长，应将花盆移到阳光充足的窗边。

3 如果希望植物多生侧枝，就要勤于摘芽。现在，可以给植物换盆了。

4 在新花盆底部铺上泡沫或磨砂土，再放入适量土壤。

5 将植物移入新花盆，充分浇水。

6 很快就会有花苞生出了。这段时间里，应每隔两周喷洒一次含氮量低的液体肥料。

7 3个多月后，植物长出了一个个小花苞。这时，要开始注意防治病虫害了。

8 一朵朵小花竞相开放！花朵受精后会很快凋落，如果不受精则会开放很长时间。

慎用蛋黄油

虽然蛋黄油是最好用的天然杀虫剂，但并不适用于每一种植物。有一次，我给美女樱喷洒了一些蛋黄油，竟然使它发黑腐烂了。这是因为美女樱的叶子和茎部有许多绒毛，这些绒毛会吸收蛋黄油中的油分，使植物营养过剩。

阳台园艺 TIP

- 适合扦插繁殖。将剪下来的枝条插入湿润的土壤中，只需一个星期即可生根。
- 在寒冷的冬季，植物的叶子会变红，这是一种正常现象。
- 茎部和花柄不时会分泌出粘稠的液体，这也是正常现象。
- 容易受沙蝇和蚜虫的侵袭。浇水时要仔细检查，将各种病虫害扼杀在初始阶段。

宛如青丝一笼的

蔓性风铃花

花语：永远爱着你

雨后与你闲话花草

蔓性风铃花在韩国又被称为“青丝一笼”。它生长速度快、茎部纤细，可以打造成拱形花门、树形、迷你盆栽等各种造型。你甚至可以把它挂在窗前，使它变成漂亮的窗帘。它适合扦插，生命力极强。在步入园艺世界的第一年，我从好友那儿得到了几枝蔓性风铃花的枝条。在栽培成功之后，我又将它们分给了其他朋友，于是这小小的植物便成了友谊的纽带。你也快来养几株蔓性风铃花吧，记得要将它们打造成喜欢的造型哦！

播种

1 适合扦插繁殖。选择一段健康的枝条，剪下10cm左右。

2 摘去底部叶片。

3 放入干净的水中。

4 一个星期后，根部就会生出。

生长

1 将生根的植物移入花盆中。为防止过湿，应选择较小的花盆。等植物长大一些后，再移入大花盆中。

2 一个月后，植物长高了许多，花苞也开始生出。

病虫害的乐园

蔓性风铃花可以说是各种阳台病虫害的乐园。从沙蝇、蚜虫到温室白粉虱，各种害虫都喜欢围绕在它身旁。但如此娇艳可爱的植物，我们又怎么舍得放弃呢？事实上，只要提早喷洒蛋黄油，病虫害的问题就不是问题。在病虫害滋生的季节，应该每两周充分喷洒一次蛋黄油。每一次的分量约为500ml，其中水与蛋黄酱的比例要控制在250:1。

阳台园艺 TIP

- 植物喜水，应在每次表土干燥时一次性把水浇透。不过，冬季要注意不能过湿。
- 对肥料的需求量大。如果叶片整体退色，就说明需要补充营养了。最好定期在土壤表面放一些颗粒型肥料。
- 时不时会分泌出一些粘稠液体，附着在叶片上像露珠一样。这是正常现象，无需惊慌。

每日花常在的

长春花

难易度
上□ 中□ 下☑

分类
多年生

繁殖方式
播种（一年四季均可），扦插

开花时间
终年开花

越冬温度
10℃以上

适宜温度
18~30℃

浇水
表土干燥时一次性把水浇透

阳光
越充足越好

花语：美好的记忆

雨后与你闲话花草

顾名思义，长春花是一种终年开花的植物。它的花朵在夏季开得最盛，在冬季则少了许多。很多人都以为它是一年生植物，殊不知它也是多年生。它的品种非常多，有的能长成70cm高的小树，也有的只能长到20cm不到，还有的会生出蜿蜒的藤蔓。最近颇受欢迎的“日日春”就是长春花的一种。长春花还是一种中药材。经临床试验证明，它含有的长春花生物碱（vinca alkaloid）成分有卓越的抗癌功效，能有效辅助治疗儿童白血病等绝症，并对高血糖、胃溃疡等疾病有缓解作用。不过，家中栽种的长春花未经过去毒处理，可不能随便吃。

采集种子

无需人工授粉即可结出种子。子房成熟后会自动打开。

播种

1 长春花的种子属于需暗发芽种，像一颗颗黑色的大米粒。温度过低会导致种子无法发芽，所以要尽可能在温度较高的时候播种。

2 找一些一次性容器作为花盆，在花盆底部铺好网袋，再放一些泡沫，最后盖上适量土壤。如果容器比较浅，不放泡沫也是可以的。将种子按一定的间隔放入土中，再用适量土壤将种子轻轻掩埋，最后充分浇水。

3 用打湿的报纸将花盆盖起来。记得每天喷水一次。

生长

1 在25℃的环境下，发芽需要1~2周。在这段时间里，要注意每次表土干燥时及时浇水。

2 现在，真叶已经长出了2~4片。为防止徒长，应将植物放到阳光充足的窗边。

3 现在，可以换盆了。如果希望植物多生侧枝，就要从现在起勤于摘芽。

4 如果不及时换盆，植物就会日渐枯萎。如果你实在没空换盆，就要多多施肥。

5 现在，植物开出了一个个小花苞。它们先是紧紧蜷缩着，等时机一到就会展开来，变成一个个“小风车”。

6 终于，植物开出了第一朵花。

7 现在，一朵朵漂亮的长春花竞相开放！

冬天将长春花放入室内，为什么叶子会变黄呢？

长春花是一种很聪明的植物。即便你在冬天将它搬到室内，它也不会忘记正在过冬这件事，依然会照常冬眠。于是，你会看到它的叶片从底部开始纷纷变黄掉落，只有顶部残留着零星几片。如果阳光充足，它仍然会开出几朵花，但那花也是小小的，一点儿精神也没有。这种现象会从12月一直持续到1月底，我们应该在此期间对植物进行修剪，以尽可能减少它的能量消耗。到了2月末，植物就会从冬眠中苏醒过来，长出一片片充满生机的新叶！

阳台园艺 TIP

- 阳光越充足，叶片就会长得越厚实，花儿也会开得越繁盛。
- 生根速度比别的植物慢，所以不太适合扦插繁殖。但如果硬要扦插，也是可以成功的。
- 抗击病虫害的能力很强。但在潮湿闷热的环境下容易感染白粉病。一旦发现病情，要立刻喷洒蛋黄油。

阳台上我最美

天竺葵

难易度
上☐ 中☐ 下☑

分类
多年生

繁殖方式
播种（一年四季均可），扦插

开花时间
终年开花

越冬温度
5℃以上

适宜温度
20~25℃

浇水
表土干燥时一次性把水浇透

阳光
☀☀☀ 越充足越好

花语 朋友之情

雨后与你闲话花草

天竺葵可以说是当之无愧的“花园王者”。它生命力极强，只要有足够的阳光就能尽情盛放。它外表华丽，总是能从众多花草中脱颖而出。如果你不知道送什么花给朋友，选择它就准没错了。反正即便经常忘记浇水，它也能花开四季。作为一种风靡世界的植物，天竺葵的品种可以说是数不胜数，有很多品种至今仍未引进韩国。如果你是铁杆天竺葵粉丝，就只有去国外搜罗心仪的种子啦。

采集种子

用刷子或棉签将花粉移到雌蕊上。受精成功后，会有尖尖的子房生出。子房成熟后会自动打开，露出一粒粒带着绒毛的种子。

可食用的芳香天竺葵

芳香天竺葵是一种香气诱人的植物。它有驱赶蚊虫的功效，所以经常被称为“驱蚊花”。它分为柠檬天竺葵、薄荷天竺葵、苹果天竺葵等多个品种，每一种都可以食用。

播种—生长

1 天竺葵的种子要去壳后才能播种。首先，将种子撒入土壤中。接着，用保鲜膜盖住花盆。在发芽前，要记得每天早上喷一些水。

2 在20~25℃的环境下，只需一周左右就能发芽。

3 现在，真叶长出了3~4片，可以换盆了。

4 叶片长大了许多，主茎也越来越粗壮了。

5 植物长高了许多。要想打造出漂亮的造型，就要勤于修剪，使植物多生侧枝。剪下来的枝叶可以用来扦插繁殖。

6 现在，每个枝节上都有侧枝生出。侧枝越多，花儿也就开得越多。

7 植物进入了快速成长期。在此阶段，植物对营养的需求很高，最好每隔两周施肥一次。

8 终于，植物生出了一个个小花苞。如果不剪枝，花朵可以一直开放4~5个月。

扦插繁殖

1 天竺葵非常适合扦插繁殖。首先，挑选一段修剪下来的健康枝条。接着，摘去多余叶片，只保留中间带新叶的一段。

2 注意底部叶片一定要摘完，否则植物的根部会偏向一边生长。

3 在花盆中放入适量土壤，用筷子插出一个较深的洞。

4 将枝条插入洞中，再充分浇水。最后，将花盆放到阴凉通风处，在每次表土干燥时及时浇水。2~3周后，植物就会生根。

阳台园艺 TIP

- 换盆时应将培养土和磨砂土以6:4的比例混合，并放入适当肥料土。
- 阳光越充足，叶片就越生得小而肥厚，花朵也开得越多。
- 在0℃左右的环境下，植物虽然不会冻死但叶片会变红。应该尽量保证使其处在5℃以上的环境中。如果冬季温度在10~15℃，植物就会一直开花。
- 茎部水分充足，喜干不喜湿，应避免过度浇水。
- 容易感染灰霉病、青枯病、根腐病。在30℃以上的闷热环境下尤其容易染病。
- 扦插繁殖后，如果根部断面腐烂会滋生蕈蚊。

天竺葵不是仙人掌

虽然天竺葵一两个月不浇水也不会死，但它并没有仙人掌那么强悍，仍然是需要人照顾的。如果可能的话，你应该在它每次深层土壤干燥时及时浇水。只要你做到了这一点，它就会用开不完的花朵来回报你。

散发令人好心情的香皂芬芳

天使之眼

花语：因为有你，所以幸福

难易度
上☐ 中☑ 下☐

分类
多年生

繁殖方式
扦插

开花时间
终年开花

越冬温度
5℃以上

适宜温度
20~25℃

浇水
表土干燥时一次性把水浇透

阳光
适合生长在半阴地

雨后与你闲话花草

事实上，天使之眼就是天竺葵的一种。只不过因为它的外形和生长特性与大部分天竺葵不同，所以才被划分为了单独的一种。普通天竺葵终年开花，它却只在春天开花；普通天竺葵直立生长，它却总是向四周蔓延；普通天竺葵的叶子带有绒毛，它的叶子却十分光滑；普通天竺葵的香气并非人人都能接受，它的香味却如同香皂味般平易近人。如果它能拥有“四季开花”这个技能的话，恐怕普通天竺葵“花园之王”的宝座就要不保了吧?

播种

1 春天是天使之眼盛开的季节。在此季节购买新苗最适合不过，但切忌换盆。

2 夏天，植物会进入生长缓慢甚至停滞的状态。在此季节最宜修剪植物造型。如果你希望植物长得高一些，就不要修剪太多，只摘去枯萎的花朵即可。

3 秋天，植物长出了许多新叶，生出了众多侧枝。在此期间，应多多关注植物的健康状况。

4 严冬季节，植物几乎不会生长。但到了晚冬至初春时节，植物就会生出一个个小花苞。

生长

1 选择合适的枝条。注意不要太长也不要太短，大约手指长度即可。然后，将底部叶片摘除。

2 找一个一次性容器作为花盆。在底部铺一层磨砂土作为防水层，再放入适量土壤。适当浇水使土壤湿润，再用牙签在土中插几个小洞，最后将枝条插入洞中。

3 在植物生根长叶之前，要坚持在每次表土干燥时及时浇水。

4 一般来说，只需一个星期植物就会生根。一个月后，植物的根部就会长到图中那么多。

切忌忽视浇水！

天使之眼耐旱性很强，喜干不喜湿。但比起茎部储藏了大量水分的天竺葵，它的耐旱能力明显要差得多。天竺葵一两个月不浇水也不会死，天使之眼就肯定不行了。所以，一定要记得在每次花盆中表土干燥时及时浇水。如果你不能确认土壤的干燥情况，可以采取手指测试法。

阳台园艺 TIP

- 阳光越充足，植物就长得越好。但即便阳光不足，植物也能开出花苞。如果你家中没有充足阳光，可以利用植物徒长的特点将其养在悬吊式花盆中。
- 必须经过严冬的考验才能开出花朵。在温暖的阳台上，植物从2月就开始结出花苞。到了4~5月，植物就会开花了。
- 秋天充分施肥和适时换盆可以使植物长得更好。如果没来得及换盆，就要从第二年的1月起定期为植物施肥。
- 抗击病虫害的能力很强，但在过度湿润的环境下可能会出现叶片变黄的症状。如果不及时处理，可能会发展成灰霉病。

阳台上响起的悠扬钟声

风铃草

花语：宽厚的爱

难易度
上□ 中☑ 下□

分类
多年生or两年生

繁殖方式
播种（秋季），分株

开花时间
春季到夏季

越冬温度
0℃以上（品种间有差异）

适宜温度
15~21℃

浇水
表土干燥时一次性把水浇透

阳光
☀☀☀越充足越好

雨后与你闲话花草

风铃草学名中的“Campanula”，取自于拉丁文中的“Campana（风铃）”一词，字面含义为“花朵如风铃般的植物”。在西方，人们也称它为“Bellflower（铃花）”。它的外形十分精致讨喜，所以每到春天开花时，花店老板们就会将它摆在店里最显眼的地方，以吸引更多顾客的光临。目前，全世界共有300多个品种的风铃草，它们有的适合播种繁殖，也有的易于扦插。

播种

1 春天是风铃草开花的季节。应注意在花谢后及时换盆，以免植物生病。

2 花朵完全凋谢后，就应该修剪枝叶了。风铃草耐热性较差，所以最好修剪得短一些，茎部叶片只保留2~3片即可。平时要注意通风。

3 茎部时间一长可能会木质化，可以适当修剪得矮一些。

4 现在，许多新叶从土中生了出来，侧枝也越来越多。

5 植物越长越茂盛。可以定期施肥以补充营养。

6 虽然严冬季节植物长得很慢，但一直没有停下脚步。

7 现在，植物开出了第一朵紫色的小花。如果阳台冬季最低气温在5℃以下，植物就会在2月开出花苞。如果阳台冬季最低气温在10℃以上，植物就会在4月份开出花苞。

分株繁殖

1 进入秋季，植物的根部就会生出一些新株。我们可以趁这些新株还没长大，将它们移到新花盆中栽种。

2 将一小株带根须的植物栽入新花盆中。一般来说，一个花盆中可以种3~4株。

3 现在，植物长出了新的根须和叶片。应适量施肥并将花盆移到阳光充足的地方。到了4~5月，植物就会开花了。

幼苗要经过严冬的考验才能开花！

风铃草有一个特点，那就是必须经过严冬的考验才能开花。根据这个特点，我们可以将播种的季节定在秋天。这样，植物就能在开花季前自然而然地经过冬天。在冬季气温为0~10℃的阳台上，植物可以平安无事地迎来第二年春天。

阳台园艺 TIP

- 必须养在阳光充足的窗边，否则会徒长。
- 喜欢凉爽的环境。在高温环境下，花朵容易凋谢。
- 秋天是最适合换盆的季节。可以在新土中混合一定比例的肥料，并在春天每隔两周喷洒一次液体肥料。注意不要施肥过多，以免植物营养过剩。
- 如果叶片上出现一些针尖大小的斑点，说明感染了沙蝇。为防止病情扩散，应及时喷洒杀虫药。

一年开9次的

萼距花

花语：精心的爱

雨后与你闲话花草

如果你希望在窗边放一盆小巧精致的植物，那么选择萼距花就对了。它开着许多可爱的小紫花，只要有充足的阳光和不太冷的温度就能终年不谢。它非常适合扦插，有时候空气湿度比较大，侧枝底部甚至会生出一些“空中根须”来。乍看之下，你会以为它是藤蔓植物，可事实上它是足足能长到50cm高的小型树木呢。不过，只要勤于修剪，它也可以变身为漂亮的小型盆栽。它一年能开9次花，所以在韩国人们又称它为“九命花”。

花瓣本来就是皱巴巴的

萼距花的花瓣只有小孩子的指甲盖大小，看上去皱巴巴的。一般来说，花瓣变皱是感染病虫害的信号。但萼距花的花瓣本来就如此，无需紧张。

分株繁植

1 萼距花非常适合扦插繁殖。如果能找到长有气生根的侧枝，那么繁殖成功率就更高了。

2 选择合适的枝条，剪下来。

3 换盆时不小心掉落的枝条也别扔，拿来一起扦插了。

4 在花盆中放入适量土壤，插入若干枝条，再充分浇水。以后每次表土干燥时都要及时浇水。

阳台园艺 TIP

- 阳光越充足，花朵就开得越多。如果久久不开花，可以每周喷洒一次含磷量高的液体肥料。
- 喜欢肥沃、排水性好的土壤。换盆时最好将培养土和磨砂土以6:4的比例混合。栽种成功后，最好每隔1~2个月再添加一些肥料土。
- 喜湿不喜干，每次表土干燥时一定要及时浇水。
- 叶片小而密集，容易感染灰霉病。平时要多多注意通风，一旦发现有叶片枯萎要及时摘除。

狗尾巴？还是狐狸尾巴

狗尾红

雨后与你闲话花草

你还记得小时候经常玩的狗尾巴草吗？狗尾红的样子就和它差不多，只不过颜色是红色，绒毛更多。狗尾红也像狐狸尾巴，所以在韩国又被称为“狐尾草”或“红狐草”。在西方，人们又认为它像猫尾巴，所以取名为“Red Cat's Tail（红猫的尾巴）”。

难易度
上□ 中□ 下☑
分类
多年生
繁殖方式
分株，扦插
开花时间
终年开花
越冬温度
10℃以上
适宜温度
20~25℃
浇水
表土干燥时一次性把水浇透
阳光
适合生长在半阴地

和草莓一样会长出“长匐茎”

狗尾红的叶子、株型与草莓十分相似，就连茎部冒出的“长匐茎”也和草莓的很像。所谓“长匐茎”，就是指从根部生出的、紧贴土壤表面的茎干。这些茎干或覆盖土壤，或朝着土中生长，当它们层层环绕之时，就会有细小的根须从枝节上生出，随之而来的还有小小的新苗。有时候，根须和新苗还会从悬在空中的枝节上生出。将带着根须的枝条插入土中，很快就会生出一株新的“红狐草”来。

雨后与你闲话花草

1 选择一段长匐茎进行扦插。事实上，只要是带枝节的茎部均可以扦插。

2 将一段较长的茎部剪为几段进行扦插，成功率更高。

3 每一段茎部上要保证有两个枝节。摘除多余叶片，只保留1~2片。

4 将植物插入土壤中，再覆盖少量土壤以固定位置，最后充分浇水。为保证枝节埋入土中，最好采取竖插。2~3周后，根部就会生出。

阳台园艺 TIP

- 阳光越充足，花朵的颜色就越鲜艳，徒长的几率就越低。
- 耐寒性差。冬季应保证植物处于5℃以上的环境中。如果夜晚温度能保持在15℃以上，植物就能终年开花。
- 花朵沾水后会变黑、凋谢，所以浇水时一定不要浇到花朵。
- 喜湿不喜干，但过湿会导致烂根。换盆时，应将培养土和磨砂土以6:4的比例混合，以保证土壤的排水性。每次表土干燥时，要及时地一次性把水浇透。
- 体型较小的植株容易受排挤，所以要适时为植物换盆。
- 抗击病虫害的能力强，但在通风不佳的环境下容易受介壳虫的侵袭。

公车站边永远少不了的

矮牵牛花

难易度
上□ 中□ 下☑

分类
多年生

繁殖方式
播种（一年四季均可），扦插

开花时间
终年开花

越冬温度
5℃以上

适宜温度
20℃左右

浇水
表土干燥时一次性把水浇透

阳光
☀☀☀越充足越好

花语：只要与你在一起，心就是暖暖的

雨后与你闲话花草

色彩艳丽、恰似喇叭花的矮牵牛花对于韩国人来说真是再熟悉不过了。不论是公交车站、高架桥还是人行道边，都少不了一盆盆悬挂式矮牵牛花的身影。有的人可能会说了，那些花不都是Surfinia吗？事实上，Surfinia就是矮牵牛花的改良品种。亲切可人的矮牵牛花一向被认为是一年生植物，但只要在温暖的阳台上，它也能恢复多年生。让植物“寿终正寝”正是阳台园丁所独享的一份成就感。

采集种子

用笔刷或棉签轻轻在花心打转，以促使花粉受精。受精成功后，花朵就会凋谢。用双手将花朵撕开，使子房露出。当子房变为褐色时，就可以采集种子了。

打造浪漫的阳台咖啡馆

如果你想将阳台打造为浪漫的法式咖啡厅，就试着养几盆悬吊式矮牵牛花吧。当美丽的小花在半空中次第开放时，你的阳台就变身为了全世界最有情调的地方。

 播种

注：50韩元直径约为2.2cm

1 矮牵牛花的种子属于需光发芽种，非常细小。通常来说，一个小小的子房中就足足有几十颗种子。

2 找一个一次性容器作花盆，在底部打几个排水孔。在花盆中放入适量土壤，再充分浇水。最后，将种子一点点轻轻地撒在土壤表面。

3 用喷雾器喷一些水，再覆上保鲜膜。植物发芽所需时间很短，所以中途无需再浇水了。

 分株繁殖

1 在20~25℃的环境下，发芽大约需要3~7天。发芽之后，应在每次表土干燥时进行底部浇水。

2 现在，可以换盆了。移动植物时要小心一些，避免根部受伤。最好只选择那些生得健壮的进行栽培。

3 将花盆放在阳光充足的窗边，以防止徒长。到了两个半月的时候，植物就会长出小花苞。从这时起，就要每隔两周喷洒一次液体肥料，以保证植物营养充足。

4 现在，一朵朵矮牵牛花竞相开放！阳光不足会导致无法开花，所以一定要把花盆放在家中阳光最充足的地方。

 分株繁殖

1 剪下一段健康的枝条，去掉底部的叶片和花苞。注意枝条不要剪得太长，5cm左右就够了。

2 找一个一次性容器作为花盆，放入适量土壤，再用木筷弄几个小坑。

3 将植物插入小坑中，充分浇水。以后每次表土干燥时都要及时浇水。1~2周后，植物就会生根。

4 现在，植物长出了许多新叶，可以移入喜欢的花盆中了。

梅雨季节一定要勤于修剪

矮牵牛花喜阳不喜阴，所以每到梅雨季节就变得格外虚弱，一会儿生出了花苞却开不出花来，一会儿又感染了各种病虫害。要想避免这些情况发生，就要在梅雨季节前对枝叶进行修剪，并在梅雨季节中时常清理败叶腐花。只要勤于修剪，就能将以灰霉病为首的各种病虫害扼杀在摇篮中，并使植物处于通风良好的环境中。

阳台园艺 TIP

- 最好将花盆放在家中阳光最充足的地方。
- 对营养的需求量很高，营养不足时会出现茎叶发黄等症状。应在换盆时加入充足的肥料土，并在开花时节每隔两周喷洒一次液体肥料。
- 种子终年均可播种。在日照时间较长的季节，茎部长得较长，开花较快。在日照时间较短的季节，植物会多生侧枝，开花较晚。

优雅如伯爵夫人的

大岩桐

难易度

上□ 中☑ 下□

分类

多年生

繁殖方式

播种（一年四季均可），叶插

开花时间

终年开花

越冬温度

15℃以上

适宜温度

20~25℃

浇水

表土干燥时一次性把水浇透

阳光

适合生长在半阴地

花语：欲望

雨后与你闲话花草

如果你想选一种“大气上档次”的花来养，那么选大岩桐就没错了。这个名字你可能还不熟悉，但事实上它可是众多阳台园丁的心头大爱呢。它的花瓣华丽而优雅，让人联想到十七十八世纪的伯爵夫人。它天生就有让人过目难忘的本领，浑身上下充满魅力。我还记得自己第一次去买大岩桐花苗的情景。捧着那只有3~4片真叶的小花苗，我满心欢喜地回到家，谨记着花店老板“不能让叶片沾水”的叮嘱，小心翼翼地伺候它。终于，它开出了第一朵花！那喜悦之情至今仍让我难以忘怀。后来，那一小株大岩桐不断开枝散叶，至今仍在阳台上健康地活着，只不过它已不再是当时的娇小姐，而是温柔慈祥的众花之母啦。

播种

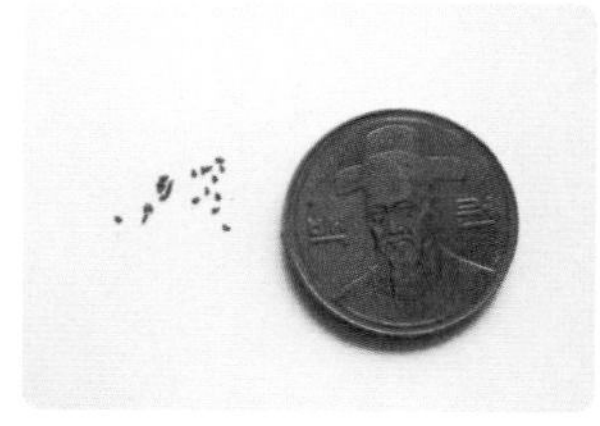

1 大岩桐的种子细小如沙粒，终年均可播种，但温度过低发芽率也会降低。

2 找一个一次性容器作为花盆，在底部打几个排水孔，然后放入适量磨砂土和培养土，最后充分浇水。接下来。用沾过水的牙签将种子一粒粒地移入土壤中。

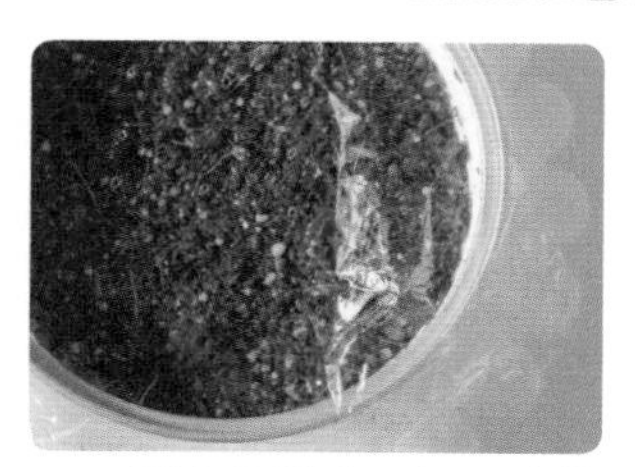

3 覆上保鲜膜，打几个排气孔。最后，将花盆移到阳光充足而温暖的地方。

分株繁殖

1 在25℃以上的高温环境下，发芽需要7~10天。最好采取底部浇水，以避免柔弱的根部和新苗受伤。

2 现在，真叶长出了两片。栽得太紧密会导致部分植物无法发芽，所以栽种时要注意保持间距。

3 植物的中央生出了小花苞。从现在起，要每隔两周喷洒一次液体肥料。

4 现在，植物的花苞越长越大，呈现出漂亮的紫色。大岩桐的花有单花也有复花。

叶插繁殖

1 剪下几片叶子，放入水中（放入干净的土壤中也是可以的）。

2 一个星期左右，根部就会生出。2~3周后，球根就会形成。这时，可以将植物移入土壤中栽培了。

3 现在，植物生出了许多新叶。移入土壤后，叶插时使用的叶片通常会枯萎凋落。4~5个月后，花朵就会开放。

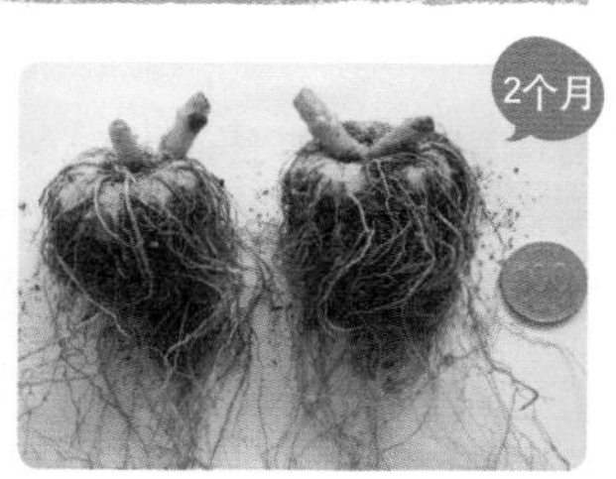

4 为了换盆，我将两年前叶插移植的植物从花盆中取了出来。想不到吧？球根竟然会长到这么大哦！

大岩桐是球根植物！

大岩桐是一种球根植物，在天气变冷之后会冬眠，等3个月左右的寒冷期过去后，又会在第二年春天重新焕发光彩。如果你家阳台冬季温度低于10℃，就最好将植物移入室内温暖的地方，中途无需浇水。如果你家阳台足够温暖，植物也可能会带着绿叶进入冬眠。只不过在此期间生长速度会十分缓慢或干脆停止生长。

阳台园艺 TIP

- 适合生长在半阴地，最好将花盆放在家中隐约有阳光的地方。
- 耐寒性差，冬季应放入室内。
- 温度较高、阳光充足的时候，叶片尽量不要沾水，以免留下斑点。浇水时最好采取底部浇水。冬季浇水时，应先将水放入室内一会儿，等温度比较合适之后再浇。

打造专属于我的婚礼花束

花毛茛

难易度
上☐ 中☑ 下☐

分类
多年生

繁殖方式
播种（秋天），球根繁殖

开花时间
春天

越冬温度
5℃以上

适宜温度
15~20℃

浇水
表土干燥时一次性把水浇透

阳光
适合生长在半阴地

花语：魅力

雨后与你闲话花草

花毛茛是新娘捧花中的主角。它色彩缤纷，白色的纯洁高雅，橙色的光彩夺目，格外惹人喜爱。它那层层叠叠的花瓣给人以神秘之感，让人禁不住一看再看，以探究那背后隐藏的喻意。

采集种子

当花粉开始四处飘散时，用笔刷沾着花粉在各朵花的花心上轻刷。受精成功后，子房就会渐渐变成褐色。等子房完全干瘪后，就可以采种了。不过，花毛茛的人工授粉成功率并不高。

插花中也少不了它

花毛茛用来插花也是再适合不过。如果用自己亲手栽种的花朵做成插花送出，收礼人心中不知得有多么欢喜呢！不过，插花中常用的塑料纸并不环保，不如改用漂亮的花瓶吧！

播种 适合在9月播种

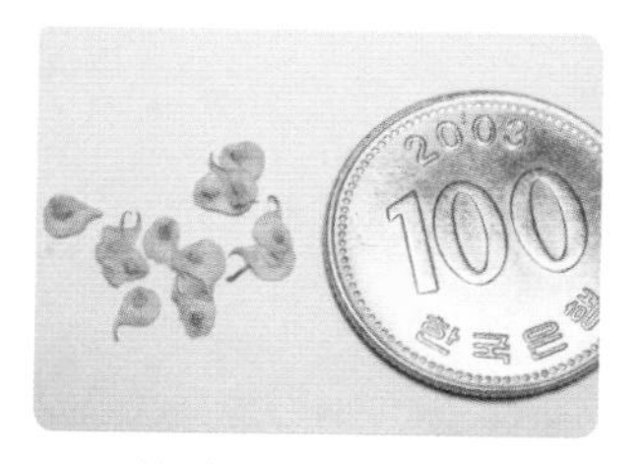

1 将种子撒在湿润的纸巾上，再覆上保鲜膜，放入冰箱中温度最高的地方。如果外界温度够低，直接撒入土中播种也是可以的。

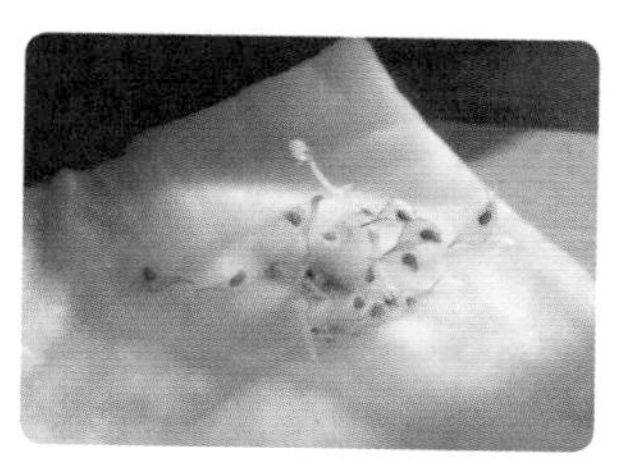

2 放入冰箱后15天左右，植物就会发芽。等到种子的外壳完全脱落时再移入土中，会导致植物徒长。所以，最好在植物生根后就立刻移入土中。

3 在花盆中放入适量土壤，再充分浇水，将新苗移入土中。覆上保鲜膜，等待一个星期左右，真叶就会长出。

TIP 如果直接将种子放入土中播种，在15℃左右的环境下发芽需要2~4周。

分株繁殖

1 播种后2个月，真叶长出了4~5片。如果花盆比较小，现在就该换盆了。

2 初期生长速度较慢，3个月后速度会一下子变快。等到花苞结出后，植物对营养的需求就会大增，应注意施肥。

3 现在，花苞越长越高。如果底部叶片发黄，一定要全部摘除，以免植物感染灰霉病。

4 终于，植物开出了漂亮的花朵。从现在起，要经常将阳台窗户打开以保持通风。在高温环境下，花朵的开放时间会缩短。

球根繁殖（10~11月）

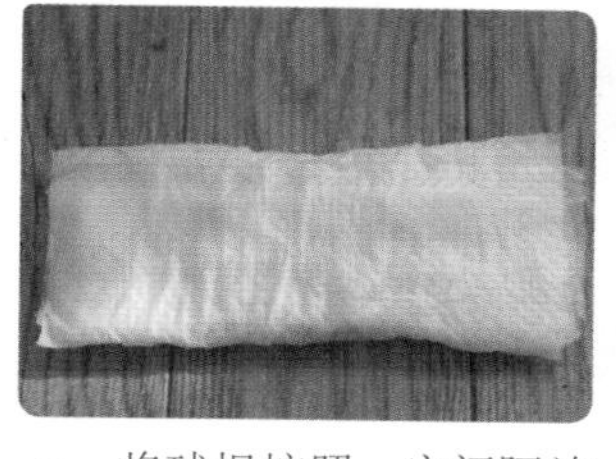

1 将球根按照一定间隔放在湿润的纸巾上，用塑料布将其整个包起来，放到阴凉处静置8个小时左右。

2 现在，植物的根部经过浸软处理变大了一倍。像这样在浸软后再栽种可以使球根不腐烂。不过，千万别为了让球根变软而直接将其放在水中浸泡。

3 将培养土和磨砂土按6:4的比例混合，放入花盆中。将球根以尖部向下的形式放入土中，再覆上相当于球根分量两倍的土壤。注意各球根间的距离应保持在7~10cm。最后，别忘了充分浇水。

4 2~4周后，新叶就会长出。最好将花盆放在阳光充足、凉爽通风的地方。2~3个月后，植物就会开出一个个小花苞。

花谢之后怎么处理?

当花朵凋谢、花瓣开始掉落时，就应该将花朵整个剪下来了。然后，在每次深层土壤干燥时一次性把水浇透。这一时期，尤其注意不能使植物过湿。要想球根长得结实，就要使绿叶的生长期维持得更久一些，并多多注意浇水。等气温渐渐升高后，叶子就会完全枯萎掉落。这时，要停止浇水，等花盆中的土壤完全干燥后，将球根取出来。然后，将球根放在阴凉处风干，再放入洋葱网袋中，保管在通风良好的地方，等10月再拿出来栽种即可。

- 植物必须经历5~10℃的低温才能开花，所以应尽量让植物处于凉爽的环境中。如果温度超过25℃，植物的花期就会变得非常短暂。
- 开花时节，即便表土没有完全干燥，植物也可能处于缺水状态中。应该经常观察植物的动态，及时浇水。
- 底部叶片变黄是营养不足的信号。换盆时应放入充足的肥料土，开花时节应每隔两周喷洒一次液体肥料。

散发诱惑芬芳的

葡萄风信子

难易度
上□ 中□ 下☑

分类
多年生

原产地
欧洲，西南亚地区

繁殖方式
播种（一年四季均可），球根繁殖

开花时间
春季

越冬温度
户外越冬

适宜温度
13~16℃

浇水
表土干燥时一次性把水浇透

阳光
☀☀☀越充足越好

花语：失望

雨后与你闲话花草

葡萄风信子的花朵犹如一串串晶莹的淡紫色葡萄，非常清新美丽。它的名字来源于希腊语中代表“麝香”的“moschos”一词，这大概是因为它散发出来的香味与麝香颇为相似。它生得娇小玲珑，却并非孱弱之辈。即便在极度严寒的冬天，它也能保持旺盛的生命力。它的繁殖能力也十分强大，每年都会产下许多子孙后代。由于它外表出众、吃苦耐劳，受到了广大庭院园丁的一致喜爱。快让葡萄风信子为你家阳台带来一场“淡紫色的旋风”吧！

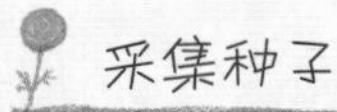

采集种子

花谢后子房会自然生出。当子房成熟变为褐色后，就可以采种了。播种后的葡萄风信子要等4~5年才会开花。

栽种球根 最好在10~11月间栽种

1 葡萄风信子的球根通常在栽种之前就已经有些发芽了。

2 在花盆中铺一层肥料土（用腐叶土也可以），再放上一个滤网。

3 在滤网上方铺好土壤，栽下球根。注意不要让球根挨到滤网。球根之间要保持3~5cm的间隔。可以使球根部分露出，也可以将其完全埋入土壤中。

生长

1 4~5天后，新苗就会长出。

2 半个月后，植物就会长出许多小草般的叶子。

3 阳光不够充分的话，叶子就会朝着四面耷拉。如果你觉得看着不舒服，就把耷拉的部分剪掉吧。

4 终于，植物结出了第一个小花苞。你看，是不是已经有点像一串小葡萄了？

5 现在，小葡萄越长越大。

6 一朵朵葡萄风信子竞相开放！阳光越充足，花朵的颜色就越鲜艳。

7 到了6月，植物的叶子就会全部干枯。这时候，你可以选择将球根挖出好好保管起来，也可以放任不管。但是千万要注意，不能让球根沾到水。

葡萄风信子的花芽分化时期并非冬季！

相信不少人都听说过“球根要经历过寒冬才会花芽分化”这句话。可事实上，并非所有的球根都如此。葡萄风信子的球根在休眠期间就是不会形成花芽分化的，它真正的花芽分化时期是在七八月份，最适宜的温度是在20℃。不过，并不是说葡萄风信子就不需要寒冷了。已经分化的花芽要正式生长壮大，就必须在8~9℃的寒冷环境中待3个月左右。也就是说，葡萄风信子的花芽分化是在夏季进行，生长期却是在冬季！

阳台园艺 TIP

- 播种繁殖后6个月才会发芽。
- 阳光越充足、气候越凉爽，植物的花朵颜色就越鲜艳、花期也更长。
- 如果阳台最低气温高于10℃，花朵可能会无法开放。最好在9~10月期间将球根放入冰箱中，再进行播种。
- 如果换盆时已经放过肥料土，后期就无需再施肥了。
- 抗病虫害的能力很强，几乎不会生病。

飞舞在冬季阳台上的蝴蝶

仙客来

花语：嫉妒

难易度
上□ 中☑ 下□

分类
多年生

繁殖方式
播种（一年四季均可）

开花时间
春季，冬季

越冬温度
5℃

适宜温度
15~18℃

浇水
表土干燥时一次性把水浇透

阳光
适合生长在半阴地

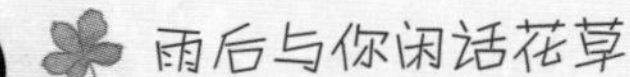

雨后与你闲话花草

仙客来是最适合栽种在室内的冬季开花植物。在百花凋零的晚秋季节，它反而爆发出顽强的生命力，开出一个个小花苞，酝酿严冬时节的灿烂。它的花柄纤长，花朵总是盛开于一片片纹路奇特的叶子之间，恰似于水草丛中翩然起舞的小蝴蝶。它色彩丰富、香气怡人，具有卓越的空气净化效果，一直受到广大园艺爱好者的喜爱。在购买时，最好选择花苞较多、已经有一两朵在开放的，因为这样的植株通常花期比较长。另外，别忘了检查叶片、花柄上是否有霉斑，球根是否足够结实等。

采集种子

圆圆的子房会一天天变大，当里面的种子完全成熟时，就会干瘪再炸开来。收集起来的种子一开始可能会黏糊糊的，在阴凉通风处放一阵子就好了。

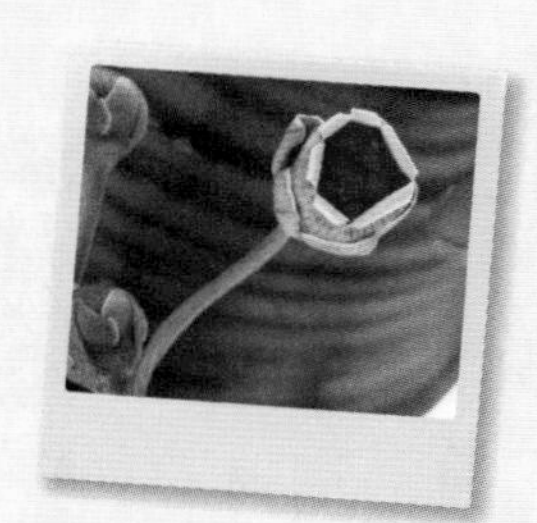

播种

1 仙客来的种子属于需暗发芽种，看上去很像晒干的糖果。

2 首先，在花盆中放入适量土壤，用手指按压几个小洞，将种子放入小洞中。接着，将周围的泥土轻轻覆盖于种子上。最后，充分浇水。

3 在花盆上覆一层保鲜膜以保持水分，再盖上报纸以阻隔光线。每天清晨在花盆里轻轻喷一些水，以保证表层土壤不干燥。

生长

1 在15~20℃的环境下，发芽大约需要3周。到了一个月的时候，植物就会长出一些像模像样的叶子来。

2 现在，植物长出了一些真叶。总的来说，仙客来的初期生长速度比较缓慢。

3 现在，植物的生长速度加快了许多。当真叶长出4~5片时，就可以换盆了。

4 取出植物，可以看到一个个4~5cm的白色球根已经形成。栽种的时候，应保持球根稍稍露于土壤之上。

5 现在，换盆后的植物长出了5~6片真叶。一片片叶子正在悄然变大。

6 现在，植物生出了大大小小的花苞。当真叶长出7~8片时，植物就开始进入花芽分化状态。在此期间，应每隔两周喷洒一次液体肥料，以使花朵开得更加灿烂。

7 不知不觉间，一个个小花苞长到了这么大。

8 终于，一朵朵如飞舞蝴蝶般曼妙的花朵开放了。从播种到开花整整经过了一年多的时间，这漫长而美好的等待，会让你难以忘怀。

没有蜜蜂没关系，人工授粉照样行

在阳台花园上，繁殖仙客来的唯一办法就是播种。但是，仙客来的种子只能通过受精产生。在没有蜜蜂光临的阳台上，我们就只能采取人工授粉的方式了。仙客来的花粉颗粒比较大，授粉一点儿也不难。首先，将花朵放于手掌之上，轻轻拍打，使花粉掉落。然后，用棉签或笔刷将花粉轻轻沾到其他花朵的雌蕊上。花朵中央尖尖突起的部分就是雌蕊了。花开后7天左右，雌蕊的受精能力就会几近消失，所以一定要在此之前进行。

阳台园艺 TIP

- 将植物放在阳光充足的窗边，只在炎夏季节移到阴凉处。
- 球根在夏季会进入休眠状态，此时应将花盆移入通风处，严禁浇水。到了9月初，再移出花盆，正常浇水。
- 长出叶片的枝节部位反复浸湿会引起球根腐烂。换盆时，应使球根的一半左右露于土壤之外，并始终采取底部浇水法。

家中的天然芳香剂

水仙花

雨后与你闲话花草

水仙花的别名为“那喀索斯（Narcissus）”，而那喀索斯是传说中一位美少年的名字。他无可救药地爱上了湖水中倒映的自己，最终选择了投湖自尽。仔细想想，这亭亭玉立的水仙花的确与那喀索斯一样，带着浓浓的“孤芳自赏”气质呢。因为美丽的外表和旺盛的生命力，水仙花一直是最受欢迎的球根植物。但栽培水仙花的时候一定要格外小心，因为它有毒。如果将水仙花插入花瓶中，它的毒性可能会导致周围其他植物死亡，所以必须每天换水。另外，为了避免误食，一定要将水仙花放到远离食物的地方。英国就曾经发生过厨师将水仙花球根当作洋葱，导致食客集体中毒的事件。事实上，不止水仙花，大部分球根植物都带有毒性，我们栽种时一定要格外小心。

难易度
上□ 中□ 下☑

分类
多年生

繁殖方式
球根播种

开花时间
春季

越冬温度
户外越冬

适宜温度
15~20℃

浇水
表土干燥时一次性把水浇透

阳光
☀☀☀ 适合生长在半阴地

球根繁殖　最好在10~11月进行

1 水仙花的球根就像一个小洋葱。

2 首先，在花盆底部铺一层磨砂土。接着，放入适量肥料土和培养土。

3 将球根放入土中，保证三分之二露于土壤之外。如果球根已经过低温处理，则应将花盆放在15℃左右的环境中。如果球根还未经过低温处理，则应将花盆放在5℃左右的环境中。

生长

1 发芽时机视具体环境而定。在15℃左右的环境下，发芽需要2~3个星期。在5℃以下的环境下，需1~2个月才会发芽。

2 发芽后1个星期，应将植物移入阳光充足的地方，以避免徒长。

3 现在，每个球根都长出了两片叶子。球根越大，叶子就长得越宽厚。

4 叶子长出3~4片后，花柄就会生出。在不够理想的环境下，植物从发芽到生出花柄足足需要花费3~4个月。

5 终于，植物开出了第一朵花。为了使花朵开得更鲜艳，最好使植物处于10℃左右的环境中，并经常喷水以保持足够的空气湿度。

夏季休眠期并非一定要将球根挖出

在球根植物进入休眠期后，一定要将它们的根部挖出来进行保存吗？事实上并非如此。除了那些特别怕湿畏寒的植物和必须进行人工低温处理的植物之外，很多球根植物都是不用挖出来的，尤其是水仙花。它属于球根植物中生命力特别强的，一旦栽入肥沃的土壤中，无需特别关照也能年年开花繁殖。不过，为了分株和补充营养，我们最好每隔3~4年将它挖出一次。总之，水仙花在进入休眠期后不需任何照顾，只要到了秋天恢复浇水即可。除非你希望对球根进行消毒，或是想要节约空间，才有必要挖出球根。

阳台园艺 TIP

- 花谢后应及时施肥，在植物进入休眠期前应格外注意浇水，以促使球根长得更健壮。
- 6~7月间植物会进入休眠期，应因采取断水管理或挖出球根。如果你选择挖出球根，应将其放入洋葱网袋中，放到通风良好的阴凉处保管。
- 球根在栽种后必须经过8~9℃的低温才能开花。一般的阳台在冬季很容易满足这个温度条件，但如果你家阳台的冬季平均温度超过10℃，那就一定要在栽种前对球根进行低温处理。处理方法是将球根用报纸包起来，放入冰箱内7~8周，再拿出来栽种。
- 栽种在花盆中的水仙很难在户外越冬，最好放在阳台上。有的品种耐寒性特别差，购买时一定要多加注意。
- 抗病虫害的能力强，但在过湿的环境下根部容易腐烂。

姿态骄傲的

朱顶红

花语：闪耀的美丽

雨后与你闲话花草

朱顶红是一种特别适合初学者的球根植物。只要栽种以后好好浇水，它就会自然而然地开出一朵朵美丽的大花，让你信心倍增。它拥有让人过目不忘的魅力，一直是许多园艺爱好者的心头大爱，有的人甚至不惜花高价从国外购买稀缺品种。想当年我刚迷上它的时候，也是终日守在电脑前翻阅各个种子网站，恨不得把所有品种都买回家。最近，韩国引进的品种越来越丰富，对于我们这些忠实粉丝来说绝对是一大福音。当然了，越稀缺的品种价格越昂贵，如果你囊中羞涩，不妨考虑下参加园艺网站上组织的团购吧。

难易度
上□ 中☑ 下□

分类
多年生

繁殖方式
播种（一年四季均可），球根繁殖

开花时间
春季

越冬温度
0℃以上

适宜温度
20~27℃

浇水
表土干燥时一次性把水浇透

阳光
☀☀ 适合生长在半阴地

球根繁殖

1 照片中的球根比较小，但实际上足足有成人拳头大小。

2 将球根放入800倍稀释的消毒液中浸泡1小时左右（也可以用1000倍稀释的漂白水替代）。事实上朱顶红生命力很强，即使省略消毒这一步问题也不大。

3 在花盆底部铺好排水层，放入适当肥料土和培养土。大一些的球根要保证部分露于土壤之外，才能避免生病。小球根则最好全部埋于土中，以促使其尽快长大。全部栽好后，充分浇水。

生长

1 刚刚从休眠中醒过来的朱顶红经过浇水，很快长出了新叶。

2 现在，植物生出了小小的花柄。有时候花柄是在长出1~2片叶子后生出，有时候也会先于叶子生出。

3 现在，花柄又长高了许多。当花柄生出一个月之后，花朵就会绽放。

4 花谢后就到了球根生长的时间。此时，应剪下花柄，充分施肥，再在充分浇水后开始断水，以帮助植物度过休眠期。

白肋朱顶红在秋天开花

白肋朱顶红的特征是叶子上有一条长长的白色条纹。与会开出各色华丽花朵的普通朱顶红不同，它只能开出一种模样的花朵。另外，它的性情也与普通朱顶红有很大不同。普通朱顶红是冬天休眠、春天开花，它却是夏天休眠、秋天开花。因此，我们应在夏天将它移入阴凉通风处，等深层土壤彻底干燥时一次性把水浇透，然后断水直到9月初。它耐寒性很强，可以在阳台上轻松越冬。但如果你把它养在室外，就应在冬季将球根挖出，放到阴凉处保管，等来年春天再重新栽种。

阳台园艺 TIP

- 适合生长在每天日照时间为3~4个小时的半阴地。
- 喜欢高温湿润的环境，但炎夏季节切忌放在直射太阳光下，否则叶片容易晒伤。
- 必须经过休眠期才会开花。休眠期应彻底断水，等春天到来后再恢复正常浇水。如果阳台最低气温高于10℃，应将球根从花盆中取出，放到10℃左右的阴凉处。等3月份开始浇水后，植物很快就会长出新叶。
- 对营养的需求量大，换盆时应放入充足的肥料土。

为爱而生的

酢浆草

花语：决不放弃你

难易度
上□ 中☑ 下□
分类
多年生
繁殖方式
球根繁殖
开花时间
秋季~春季 或一年四季（视品种而定）
越冬温度
3℃以上
适宜温度
15~20℃
浇水
表土干燥时一次性把水浇透
阳光
适合生长在半阴地

雨后与你闲话花草

轻盈的绿叶间，生出一朵朵纤长可爱的小花，晴天时欣然盛开，阴天时黯然蜷缩——这就是可爱又情绪化的酢浆草了。它还有一个更广为人知的别名——“爱情草”。与这个别名相对应的是它那深情的花语——“决不放弃你”。对于初学者来说，酢浆草绝对是一种“必养植物”。它生性坚强、易于繁殖，如杂草般随处可生，时不时会带给你一些“意外惊喜”。

快将这“爱的使者”快快请进你的阳台吧。

球根栽种（风车爱情草）

1 风车爱情草是一种秋季栽种、夏季休眠的球根植物。它的球根如图所示，有的摸上去有些黏糊糊的，是正常现象。

2 在花盆底部用泡沫或磨砂土做好排水层，再放入适量土壤。接着，将球根以1~2cm的间隔栽入，再覆上相当于球根分量两倍的土壤，最后充分浇水。注意栽种时保证尖尖的部分朝上。

3 只需6~7天，新苗就会长出。一个月后，就会形成图中的规模。注意一定要将花盆放在阳光充足的地方，否则容易徒长。一个半月后，花苞就会生出。

4 花朵盛开2~3个月后就会凋谢。此时，应剪去所有花柄，以保证球根健康成长。最后，剪掉枯萎的叶片，将花盆移到阴凉通风处，使植物进入休眠断水期。

球根繁殖（紫色爱情草）

1 紫色爱情草没有休眠期，一年四季均可开花。它的球根如图所示，尖尖的一头朝上，节数会随着时间而增多，整个根部也会不断变长。栽种时可以将一个球根分成几节进行繁殖。

2 首先，在花盆底部放入适量泡沫或磨砂土，再放入适量肥料土和培养土。接着，将球根按一定间隔栽入，再覆盖适量土壤至球根完全不可见，最后充分浇水。

3 1~2周后，紫色的新苗就会生出。1~2个月后，花苞就会长出。充分施肥可以使叶片长得更肥厚。过强的阳光则会使叶片紧贴着土壤生长。

4 现在，植物开出了一朵朵淡紫色的小花。它生性好养，无需你特别照顾也能茁壮成长。

夏季的凋零是死亡的标志吗？

绝非如此！爱情草可没那么容易死！夏季的凋零只不过是它作为球根植物的一种正常休眠现象。事实上，爱情草分为终年开花型和夏季休眠型两种。紫色爱情草、粉红爱情草、青色爱情草等花店中最畅销的品种均属于终年开花型，风车爱情草、小爱情草等夏季在花店中难以得见的品种则属于夏季休眠型。如果你家的爱情草恰好是夏季休眠型，你就应该在夏季将植物放在阴凉通风处进行断水处理，或将球根挖出来保管，等秋季再重新栽种。总之，夏季的凋零绝不是死亡的标志哦！

阳台园艺 TIP

- 阳光不足会导致徒长，所以一定要将植物放在阳光最充足的窗边，或挂在阳台上的悬吊式花盆中。
- 夏季休眠型通常会在9月初生根，应及时重新栽种。如果球根一直在花盆中，则恢复浇水即可，不久后植物就会长出新叶来。
- 换盆时如果已经放过肥料土，就无需额外施肥了。如果没有放肥料土，则应每隔2~3个月施肥一次。
- 容易滋生沙蝇，预防方法是经常在浇水时为植物“洗澡”。

从遥远国度传来的春之芬芳

郁金香

花语：爱的告白

雨后与你闲话花草

郁金香素来被认为是贵族的象征。在17世纪的欧洲，宴会上的王公贵族甚至会以它来替代宝石装饰。到了今天，每年在世界各地举行的郁金香花展依然是人气爆满，可见其魅力不减当年。郁金香的球根属于秋植球根，根据开花时间的不同分为早生种、中生种和晚生种。如果你能集齐各个品种一起栽培，自然是最好不过，那各色花朵齐齐绽放的盛况定能让你终生难忘。购买球根时，一定要用手摸一摸，确认没有任何伤口或霉点。郁金香并不难养，即便是初学者也能轻松养好它。快来吧，让你家阳台在在来年春天迎来一场“郁金香盛宴”。

球根繁殖　最好在10~11月栽种

1 郁金香的球根外有一层起到防潮作用的结实外壳。栽种时，应先去掉外壳，以便植物更好地生根。如果球根上有霉点，应用消毒过的小刀将霉点小心切除。

2 将球根放入800倍稀释过的消毒液中浸泡一小时左右。再准备一个放好防水层、肥料土和培养土的花盆，将球根栽入其中。最后，覆盖约为球根分量两倍的土壤。

生长

1 现在，植物长出了幼小的新苗。阳台越寒冷，发芽速度就越慢，徒长的几率就越低。

2 在5℃以下的环境中，植物停止了生长。

3 进入2月后，植物生长速度明显加快。现在，植物长到了10~15cm高。

4 现在，植物长出了小花苞。

5 漂亮的郁金香开放了！如果阳光充足，花瓣可以长到手掌大小呢。

6 有了郁金香，阴冷的日子里阳台上也充满生机！

球根演替

所谓“球根演替”，就是指旧球根逐渐变小直至消失，新球根随之产生的过程。郁金香的球根基本上一年演替一次。每当它开花时，球根就开始了演替。新的球根会不断吸收营养，到第二年便化作了灿烂的花朵。但很遗憾的是，养在韩国的郁金香很难成功地完成演替。因为新球根长出时正值夏季，而郁金香的叶片在高温下会迅速枯萎，而球根只有在叶片健康的前提下才能生存。有些高手可以帮助植物成功地完成好几次球根演替，但要想它们生生不息，几乎是不可能的。

阳台园艺 TIP

- 适合生长在阳光充足、通风良好的地方。
- 必须经过低温才能开花。如果阳台温度无法低至10℃以下，则应在栽种前将球根放到冰箱里进行低温处理。低温处理的方法是用报纸将球根包起来，放入冰箱静置2个月左右。
- 新购买的球根应放在气温低于10℃的阳台上直接栽培。如果气温高于25℃，叶片会枯萎凋谢。
- 球根上可能会生出红色的腐斑或青色的霉点。栽种前一定要对球根进行严格消毒，平时要尽量避免植物过湿。

永远的初恋之香

小苍兰

花语：天真烂漫

难易度
上□ 中□ 下☑

分类
多年生

繁殖方式
球根繁殖

开花时间
春季

越冬温度
2℃以上

适宜温度
13~16℃

浇水
表土干燥时一次性把水浇透

阳光
适合生长在半阴地

雨后与你闲话花草

甜美芬芳的小苍兰一直是恋人手中花束的主角。它分为单瓣花和复瓣花，有黄、红、粉、白等多种颜色。作为一种秋植球根植物，它通常以球根的形式出现在秋季花市上，又以盆栽的形式出现在春季花市。它耐寒性较差，在户外时体弱多病，到了阳台上则如鱼得水。你只需好好为它浇水，它就会在不经意间报以你一片美丽的绽放。在传说故事中，小苍兰就是那暗恋水仙花之神“那喀索斯”的小妖精。所以，人们一直把它当作清纯之爱的象征。

球根繁殖 最好在10月~11月间进行

1 小苍兰的球根呈球状，里面储存了大量养分。当带根须的部分出现许多小突起时，就说明植物的休眠期已经结束了。

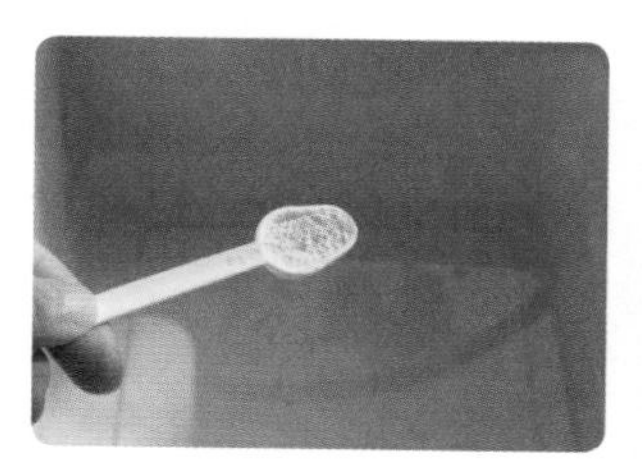

2 将球根放入800倍稀释的消毒液中浸泡约一个小时。在此期间，准备好花盆，并铺好排水层，放入适量肥料土和营养土。

3 将球根放入土壤中，注意较大的一头朝下。然后，覆盖约为球根高度两倍以上的土壤。注意球根之间的距离最好保持在4~5厘米。最后，充分浇水，并在以后每次表土干燥时一次性把水浇透。

生长

1 发芽大约需要1~3周，具体时间视温度而定。

2 现在，植物长出了不少叶子。注意一定要将花盆放在15℃左右、阳光充足的环境中。

3 花柄开始生出。注意花柄不是从土壤直接长出，而是隐藏在扁平的叶片之间。从现在起直到开花前，应每隔两周喷洒一次液体肥料。

4 花柄不断生长。终于，植物开出了第一朵花。接下来，并排而生的花苞会依次开放。

5 现在，到了花朵盛放的时节，尽情享受这为期一个月的花之盛宴吧。注意子房成熟会抢走球根的营养，所以一旦发现子房开始膨胀就要及时剪掉。

6 如果温度持续升至25℃以上，植物的叶片就会逐渐枯萎。这时，应继续坚持在每次表土干燥时一次性把水浇透。当叶片真正完全枯萎时，将球根挖出，放入洋葱网袋中，保管在阴凉通风处即可。

叶片太长会导致植物倾倒，何不将叶片剪短些呢？

小苍兰从栽种到成长初期，叶片的长度会一直受到温度影响。在20℃以上的温暖环境下，植物的发芽速度会很快，叶片会长得比较长。在10℃以下的寒冷环境中，植物的发芽速度会很慢，叶片也只能长到3cm左右。如果你不希望看到叶子太长，就最好在植物的成长初期将其放在尽可能凉爽的地方。当叶子长出3~4片时，就应该将植物移到15℃左右、阳光充足的地方了。

阳台园艺 TIP

- 适合栽种在阳光最充足的窗边。
- 在25℃以上的环境下会进入休眠期，在3℃以下的环境中会冻死。
- 夏季休眠结束、发出新芽后，如果经过低温处理，就会形成花芽分化。
- 在10℃以下的环境里，花芽分化会进行得十分顺利。在20℃以上的环境中，则会只长叶不长花。
- 如果阳台为南向，则应注意保持低温和良好的通风。
- 进入9月份，最好将植物移入湿润的泥土中，放入冰箱静置40天左右。这样，来年花朵就会开得更早。
- 如果感染了花叶病毒，应立刻将球根和土壤全部丢弃。

PART 4

绝对会让你一爱上就不可收拾的

多肉植物

冷若冰霜的魅力植物

雪莲

难易度
上□ 中☑ 下□

分类
多年生

繁殖方式
播种（一年四季均可），叶插，子球繁殖

开花时间
冬季~春季

越冬温度
0℃以上

适宜温度
5~30℃

浇水
深层土壤干燥时一次性把水浇透

阳光
适合生长在半阴地

雨后与你闲话花草

雪莲是一种很受欢迎的多肉植物。它造型恰似莲花，表面覆了一层如砂糖般晶莹雪白的粉末，看上去有一种冷若冰霜的高贵感。它可以通过播种、叶插等多种方式栽培，无需勤浇水也能茁壮成长。但如果你以为它可以随意“放养”的话，那就大错特错了。因为它极容易受到介壳虫的侵袭。一旦喷了杀虫药，它表面那层漂亮的白色粉末就会消失不见。所以，我们一定要经常关注它，力求将各种病虫害扼杀于摇篮中。另外，栽培的过程中还要注意避免过湿。如果你希望它表面那层漂亮的白粉长期保留，就最好采取底部浇水法。

播种

1 雪莲的种子细如沙尘，一阵呼吸就能将它吹走。

2 首先，在播种容器中放入适量磨砂土和培养土，并充分浇水。接着，用沾过水的牙签将种子一点点移入土壤中，再覆上保鲜膜。

3 在播种容器下垫一个接水盘，放入适量清水，进行底部浇水。在发芽以前，注意不要使室内温度过低。

生长

1 在20~25℃的环境下，发芽需要3~7天。如果发芽率低于50%，就继续观察一周再撕掉保鲜膜。

2 现在，那些小到看不见的新苗已经长大了许多。如果表土比较干燥，就小心地进行底部浇水。

3 植物的叶片变得圆鼓鼓的，越来越像多肉植物了。这个时候，真叶差不多该长出了。

4 现在，真叶已经长出了4~5片。长期的底部浇水可能会导致土壤表面生出苔藓，但这不是什么大问题。

5 植物又长大了许多，叶片表面的白色粉末也开始出现，差不多该换盆了。换盆时应将磨砂土和培养土的比例控制在1:1。

6 现在，植物的叶片越来越繁茂，白色粉末也越来越多了。

7 叶片越来越大了。

8 一年过去，形成了图中的景象。为了使植物更健康，最好将各株分开栽培。

日夜温差较大时，叶片会变成漂亮的粉红色！

多肉植物有一个特性，那就是在日夜温差较大的秋季叶片会变成漂亮的红色或粉红色。如果你家阳台常年温暖，恐怕就要错过这番奇特的景象了。当然，你也可以人为控制温度，比如大开窗户使阳台夜间温度降低，再在白天将植物移到阳光最温暖的地方。另外，减少浇水次数也是方法之一。快试试吧，如枫叶般红润可爱的雪莲正在向你招手呢！

阳台园艺 TIP

- 过湿环境下植物会变得孱弱。换盆时，最好将磨砂土和培养土的比例控制在3:7，以保证土壤的排水性。
- 每年10月至次年4月为成长期，夏季则为休眠期。在成长期，应每隔1~2周喷洒一次液体肥料。在休眠期，应将植物放在阴凉的地方，停止浇水。
- 叶片中央积水，再加上阳光的炙烤，就容易导致植物灼伤。所以，看到叶片积水时一定要尽快处理。.

如宝宝小屁股般圆润可爱的

生石花

雨后与你闲话花草

如小宝宝屁股般圆润可爱的生石花一直是“多肉迷”们的心头大爱。你可能想不到，这可爱的小家伙还会蜕皮呢！咦，植物怎么可能蜕皮呢？这家伙该不会是从外星来的吧？当你看到它蜕去那皱巴巴的外壳，露出光滑细嫩的“新身体”时，一定会惊讶到合不拢嘴。别看它只有小石子大小，开出的花朵却格外灿烂硕大。怎么样，你心动了吗？快试着养一盆吧，到时候你就明白多肉迷们为什么对它情有独钟了。

生石花的分类体系——Cole number

原产于沙漠地带的生石花根据发现区域、叶片纹路、颜色分为许多不同种类。后来，一位名叫Desmond T.Cole的人制作了一个生石花分类体系，即“Cole number”（科尔编号）。根据这个体系，目前全世界有野生型和人工栽培型生石花共计400多种（从C001~开始）。

播种

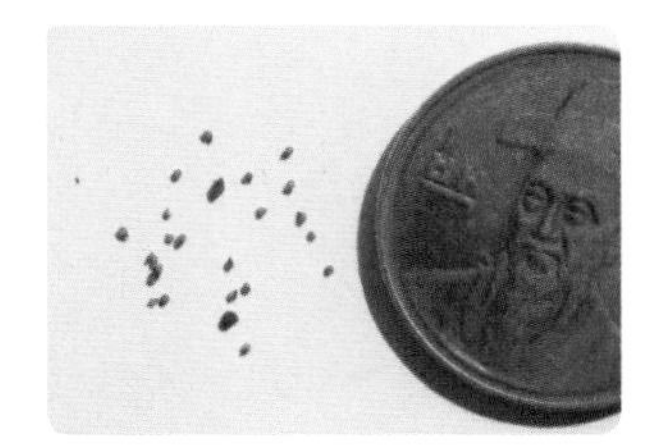

1 生石花的种子非常细小，栽种时一定要非常小心。

2 首先，在播种容器中放入一层磨砂土，再放入适量培养土，最后充分浇水。接着，用沾过水的牙签将种子一粒一粒移入土壤中。

3 在容器底部放一个接水盘，倒入适量清水，进行底部浇水。随后，覆上保鲜膜，在膜上扎一些排气孔。注意尽可能将容器放在较温暖的地方。

生长

1 在25℃以上的高温环境下，发芽需要1~2周。发芽后即可拿掉接水盘，撕去保鲜膜。如果新苗东倒西歪，可以用牙签将其位置固定。

2 渐渐地，叶片开始长出。在浇水方面，应该在每次表土干燥时进行底部浇水。当土壤足够湿润时，即可倒掉底部多余的水了。

3 栽种不同类型的种子，可以收获多姿多彩的美丽。如果土壤表面生出苔藓，可以用牙签小心去除。从现在起，应在每次表土干燥时一次性把水浇透。

4 现在，植物的个头长高了许多，叶片也越来越厚实。很快，植物就会进行第一次蜕皮。蜕皮会持续2~3个月。

5 植物的中部裂开，长出了新芽。整个蜕皮过程中应停止一切浇水。

6 蜕皮结束后，你会发现植物的个头比以前小了一些。当土壤彻底干透时，即可开始浇水。

7 到了换盆的时候了。将培养土和磨砂土以3:7的比例混合。如果你希望植物的叶片纹路清晰，就最好等每次叶片略显干瘪时再浇水。

8 现在，植物进入了第二次蜕皮。这次蜕皮结束后，植物又会变成一副新模样。

生石花的浇水大有学问！

1~3月是生石花蜕皮、发芽的阶段。在此期间，应完全禁止浇水。4~5月是成长期，应在每次深层土壤干燥时一次性把水浇透。6~8月为休眠期，由于正值炎夏和梅雨季节，也应禁止浇水。9~11月，植物再次进入活跃的成长期，应恢复在每次深层土壤干燥时浇水。如果植物开花，则应停止浇水。到了12月的退化期，同样应该禁止浇水。这样看来，生石花还真是一年没几天需要浇水呢！

阳台园艺 TIP

- 播种繁殖的话，要等3年以上才会开花。
- 喜干不喜湿，换盆时应将培养土和磨砂土的比例控制在3:7。注意蜕皮期间不能换盆。
- 春秋季节，最好以稀释过的液体肥料替代清水进行底部浇水。
- 抗病虫害的能力非常强。

相框盆栽的绝对主角

球兰

难易度
上□ 中□ 下☑

分类
多年生

繁殖方式
扦插

开花时间
春季

越冬温度
7℃以上

适宜温度
16~25℃

浇水
深层土壤干燥或叶片干燥时一次性把水浇透

阳光
适合生长在半阴地

花语：青春美丽

雨后与你闲话花草

第一次与球兰结缘还是我刚开始园艺生涯的时候。当时一个网上园艺商店搞特卖活动，购满一定金额便会赠送一盆球兰。于是，我赶紧将各种心仪已久的植物加进购物车，并心满意足地拍下了作为赠品的球兰。

只可惜，一开始生机勃勃的球兰后来竟然变得奄奄一息。我百思不得其解，终于在某一天对它进行了仔细检查，才发现整个花盆都已成了介壳虫的领地！生平第一次看到如此“壮观景象”的我自然是惊恐不已，忙不迭将整个花盆扔了出去，只留下了一小段枝条用于扦插。不幸中的万幸，这一小段枝条健健康康地活了下来，至今仍在我家阳台占据一席之地。

栽培注意事项

球兰的花朵为粉红色，聚在一起如繁星点点。但它开花特别慢，如果你买的是花店中最小型的，就至少要等4~5年后枝条长到两米左右时，才能看到花朵绽放。它一旦开花后，花谢的地方就会不断生出新花苞来，所以你千万别看到花朵凋谢就将花枝剪去。

扦插繁殖

1 斜切下一段枝条，将底部叶片摘除。

2 在花盆中放入适量土壤，插入枝条，充分浇水。以后要记得在每次深层土壤干燥时及时浇水。

1个月

3 1~2个月后，植物就会开始生根发芽。

相框盆栽

你见过和玩偶一起摆在相框里的植物吗？那就是传说中的相框盆栽（topiary）了。Topiary这个词本身的含义是修剪树型，但最近在韩国已经成了相框盆栽的代名词。而最典型的相框盆栽植物就是球兰。

阳台园艺 TIP

- 换盆时最好将培养土和磨砂土的比例控制在1:1。每隔2~3个月施肥一次。
- 厚实的叶片中储藏了大量水分，所以耐旱性较强。但如果植物长期处于干渴状态，则很难恢复健康。
- 新叶多为粉红色或白色，非常漂亮。
- 长出根须的枝条特别适合用来扦插繁殖。

阳台上的迷你树

晚红瓦松

雨后与你闲话花草

晚红瓦松主要生长在岩石、绝壁和屋瓦之上，因为花苞形状与松树的雄花颇为相似，所以有了“瓦松”这个名字。它自古以来就生长在济州岛等南部地区，但因一度被盛传有抗癌功效，而不幸成为了人们大肆采摘的对象。如今，野生晚红瓦松几乎已经绝迹。哎，要是人们对野生植物多一点怜惜与爱护该多好！

栽培注意事项

瓦松最与众不同的一点在于它会长出“长匐茎”。也就是说，作为母体的植物会生出细长的茎部，茎部末端会生出全新的植株。每当开花结果之后，母体就会逐渐死去，只留下长匐茎。你可以将它保留，也可以剪下它进行繁殖。繁殖方法如下：将茎部放在阴凉处静置2~3天，再种入土壤中，3~4天后浇水。这之后不消几天，植物就会生根。

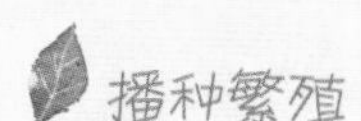

播种繁殖

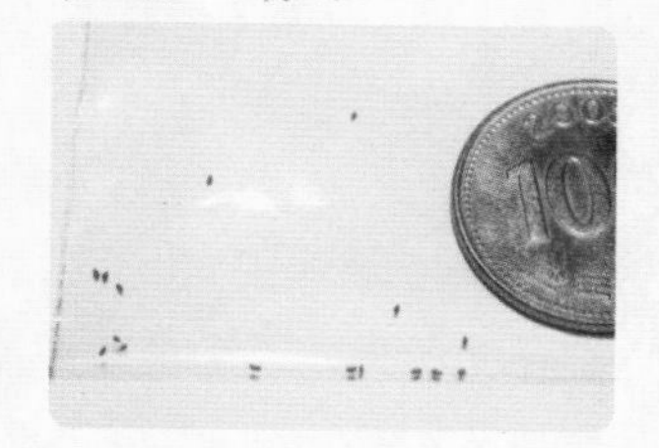

1 瓦松的种子非常细小，一阵呼吸就能将它吹走。

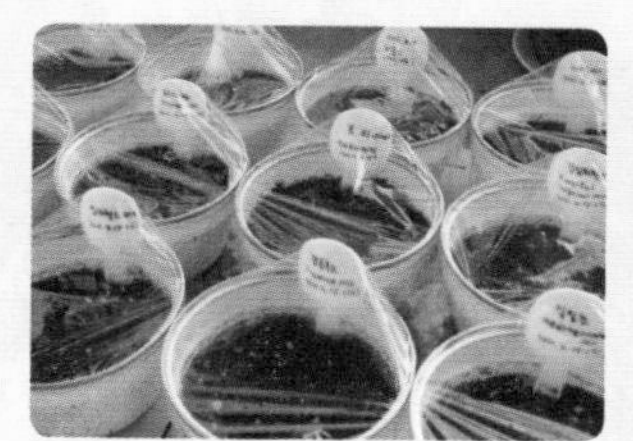

2 准备一些花盆，放入适量土壤，充分浇水。接着，用牙签将种子一颗颗移入土壤中。最后，覆上保鲜膜。扎几个排气孔，再把花盆摆放到阳光充足的地方。

3 在20℃左右的环境下，只需3~7天即可发芽。当子叶张开时，就可以撕去保鲜膜了。注意浇水时最好采取底部浇水，不要让叶片沾水。

4 现在，真叶已经长出了4~5片，可以将植物移入大一些的花盆中了。以后要记得在每次深层土壤干燥时一次性把水浇透。

阳台园艺 TIP

- 喜干不喜湿，换盆时最好将培养土和磨砂土的比例控制在3:7，以保证土壤的排水性。
- 阳光不足会导致严重的徒长。所以一定要将花盆放在阳光最充足的地方。在阳光不够充足的季节，要尽量减少浇水次数，以防止徒长。
- 体型较小的植株容易受排挤，所以要视情况进行换盆。
- 部分耐寒性较好的品种可以在南方地区户外过冬。
- 抗病虫害的能力强，但在通风不良的环境下容易滋生介壳虫。

可爱的花中螃蟹

蟹爪兰

花语：火热的爱

雨后与你闲话花草

蟹爪兰的叶片与蟹爪颇为相似，所以才有了这个名字。每到开花季节，它就会开出一簇簇如鞭炮般热闹而灿烂的花朵，格外惹人喜爱。与它类似的还有一种名叫“虾姑仙人掌”的植物，二者无论在生活习性还是种植方法上都大同小异，唯一的区别在于蟹爪兰是春季开花、花为单花，虾姑仙人掌是冬季开花、花为复花。西方人根据它们开花时机的不同，又给它们分别取名为“感恩仙人掌”和“圣诞仙人掌”。凭借出色的空气净化功效，蟹爪兰被美国航天局（NASA）评为“最佳环保植物”之一。它不仅能消除甲醛，还会在夜间大量吸收二氧化碳，可以说是最适合摆在卧室的植物。

就这么养

在花芽分化时期，如果最末端的叶片处在未成熟状态，花苞就无法正常生出。也就是说，末端叶片越结实，花苞就生得越多。所以，我们最好时不时将不够结实的末端叶片摘除，保证花苞有良好的生长环境。

扦插繁殖

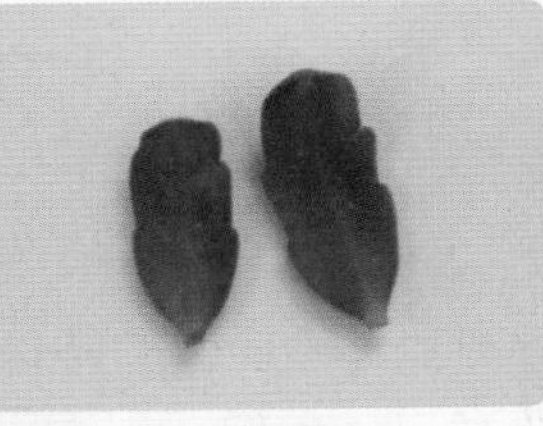

1 第3~4节的叶片是最适合扦插的。首先，剪下一段合适的叶片。然后，将叶片放在阴凉干燥的环境下静置2~3天。

2 在花盆中放入适量干土，插入叶片，注意要保证一半左右处于土壤中。一个星期后，再充分浇水。以后，每次深层土壤干燥时一次性把水浇透。

3 现在，植物长出了新叶片。新叶一开始会有些泛红，时间长了就渐渐变绿。如果在春天扦插，就能在秋天看到花朵盛开了。

阳台园艺 TIP

- 在植物结出花苞的时期，一定不要忘了浇水和保持适当温度，否则花苞很可能凋落。
- 在日照时间小于12小时的秋季，植物会进入花芽分化时期。此时如果植物结出花苞，就应将其在夜晚移到没有灯光照射的地方。最好的办法是从晚上8点到早上9点将植物用黑色塑料袋包裹起来。

满满的爱心，最适合新婚夫妇的

爱之蔓

雨后与你闲话花草

爱之蔓是一种耐旱性极强的球根植物。它生命力旺盛，即使是长在土壤之外的茎部也会时不时生出球根来。它的枝条极为纤长，上面有一串串形如爱心的厚实叶片，所以才有了这个名字。在韩国，人们一直把它当做新婚的象征。就连它的花语也充满了甜蜜——“亲密无间的爱”。它的学名为*Ceropegia woodii*，通用名还有“Rosary vine”或“String of hearts”。

花语：亲密无间的爱

难易度
上□ 中□ 下☑

分类
多年生

繁殖方式
扦插

开花时间
春季

越冬温度
5℃以上

适宜温度
18~25℃

浇水
深层土壤干燥时一次性把水浇透

阳光
适合生长在半阴地

扦插繁殖

1 准备一段有3~4节长的枝条进行扦插，别忘了摘除底部叶片。

2 找一个干净的水杯，在里面盛满清水。然后，将摘过叶片的枝条放入水中。

3 1~2周后，就会长出一些根须。运气好的话，还会有新叶长出。到了这个时候，就可以将植物栽入土中了。

就这么养

爱之蔓的生命力极强，即使在持续一段时间的干旱环境下，也只会出现叶片枯萎的症状，而球根则会始终保持活力。它的叶片喜欢向阳生长，所以如果你希望它造型匀称，就一定要把花盆放在阳光直射的地方。

阳台园艺 TIP

- 换盆时，应将新土与磨砂土以1:1的比例混合。以后，每隔2~3个月喷洒一次肥料。
- 枝条可以长到一米多长。最好将植物养在悬吊式花盆中，以便欣赏枝条的垂落之美。
- 阳光充足时，叶片会泛出紫色。阳光不足，叶片则会变绿，枝节则会变得更长。
- 在寒冷的冬天会进入休眠期。在15℃以上的温暖室内，则不会停止生长。
- 喜干不喜湿。在梅雨季节和冬季休眠期，尤其要注意防湿。
- 抗病虫害的能力很强。

多肉界的花之女王

美丽莲

难易度
上□ 中□ 下☑

分类
多年生

繁殖方式
叶插，子球繁殖

开花时间
春季

越冬温度
0℃以上

浇水
深层土壤干燥时一次性把水浇透

阳光
☀☀适合生长在半阴地

雨后与你闲话花草

美丽莲的花朵鲜艳红润、状如星辰，中间点缀着小巧可爱的白色花蕊，简直美得一塌糊涂。我一向只喜欢花朵漂亮或是叶上带粉的多肉植物，所以对美丽莲可以说是一见钟情。种了它之后，我又喜欢上了许多类似的多肉植物，一度将整个阳台变成了“多肉王国”。在美丽莲所属的景天科中，还有胧月、石莲花、星美人、玉蝶、八宝景天等多位“多肉界明星”。

叶插繁殖

1 小心地摘下几片底部叶片，轻放于土壤之上。约一个月后，就会有新的根部和叶片生出。最好每天在根部附近喷洒一些清水，但注意不要让叶片沾水，否则容易腐烂。

2 现在，植物长到了小孩的手指大小。与其他多肉植物相比，它的生长速度算是很慢的了。从现在起，要在每次深层土壤完全干燥时一次性把水浇透。

3 最大的可以长到50元硬币（韩币）那么大。图中左侧最大的那个是子球繁殖而来的，由于从母体身上获取了充足营养，成长速度比叶插繁殖的明显要快一些。

4 终于，植物长出了花柄。虽然只有小小的两只，但看上去活力十足。

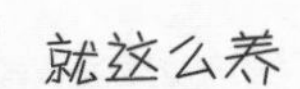

就这么养

虽然美丽莲属于夏季型多肉植物，但也不能在炎夏季节置于直射阳光之下，否则容易灼伤。灼伤之后，植物会出现叶片末端变黑、叶片表面颗粒状肿大等症状，这些症状会伴随植物的一生永不消失。

阳台园艺 TIP

- 换盆时要将新土和磨砂土以3:7的比例混合。换盆后，要等3~4天再浇水。
- 属于夏季型多肉植物，每年春季到秋季为成长期，冬季为休眠期。成长期间应每隔1~2周喷洒一次液体肥料。休眠期应断水或延长浇水间隔。
- 在高温潮湿环境下根部会比较虚弱，所以夏季应尽量延长浇水间隔。
- 花柄在每年三四月份长出，此期间若不注意浇水会导致日后开出的花朵不漂亮，所以一定要在每次深层土壤干燥时及时把水浇透。
- 容易受介壳虫和霉菌的侵袭。

香气袭人！天然的杀菌器+加湿机

碰碰香

雨后与你闲话花草

碰碰香的叶片与玫瑰花瓣颇为相似，所以在韩国又被称为“玫瑰香草”。它不仅形似花朵，香气更是与鲜花不相上下。在它那布满绒毛的厚实叶片上，不时散发着清新的芬芳。它的优点还不止于此，在韩国农业促进协会的网站上，我们可以看到它的名字位居“天然加湿植物”的榜首。在室内放一盆碰碰香，不仅能增加空气湿度，还能吸收到充足的负离子，更能消灭有害细菌，实在是一举多得。

花语：我的心只有你才懂

扦插繁殖

1 选择植物顶端未木质化的部分进行扦插，长度参考上图。别忘了将底部叶片摘除。

2 在花盆底部铺一层磨砂土，再放入适量培养土。然后，用沾过水的木筷在花盆土中插一些小洞。

3 将植物插入土中，充分浇水。然后，将花盆放在阴凉通风处。以后，每次表土干燥时一次性把水浇透。

4 现在，植物根部开始生长，新叶也逐渐长出。如果是在春秋季节，生根只需1~2周。生根后，就可以将植物移到窗边，使其尽情接受阳光沐浴了。

就这么养

碰碰香有一个缺点，就是时间久了之后树形会变得东倒西歪。所以，一定要定期修剪枝条。剪下来的枝条别扔掉，可以继续扦插。它们生命力极强，随便插到什么地方都能很快生根。如果你是园艺新手，那么用碰碰香来练习扦插就是再适合不过了。

阳台园艺 TIP

- 换盆时应将新土和磨砂土以1:1的比例混合，栽种完成后要充分浇水。以后，每隔2~3个月施肥一次。
- 浇水过多容易徒长，应在每次深层土壤完全干燥、叶片略为干瘪时浇水。但注意不能过干，否则底部叶片会变黄凋落。
- 冬季注意不要浇过冷的水，否则叶片容易冻伤。
- 抗病虫害的能力较强，但底部叶片容易受霉菌感染。所以每次有叶片掉落在土壤表面时，应及时清理。

最适合懒人的

长寿花

雨后与你闲话花草

如果你喜欢花草，又讨厌麻烦，那么长寿花就最适合你不过了。大部分开花植物都需要经常浇水，长寿花却正好相反。它那厚实的叶片中储藏了大量水分，使它对外界水分的依赖非常小。不仅如此，它还拥有强大的生命力，一经扦插就能迅速生长起来。

难易度
上□ 中☑ 下□

分类
多年生

繁殖方式
扦插

开花时间
终年开花

越冬温度
10℃以上

适宜温度
20~25℃

浇水
深层土壤干燥时一次性把水浇透

阳光
适合生长在半阴地

就这么养

长寿花是一种短日照植物，每年必须保证有一个月时间每天的无光照状态在12个小时以上，才能开出花朵。如果你家阳台恰好满足这个条件，它就会在秋季进入花芽分化期，在第二年的1~3月间开出漂亮的花朵。如果你的它迟迟不开花，那你就要好好检讨下，是不是把它放在夜晚有灯光照射的地方了。如果你嫌移动花盆太麻烦，也可以在每晚6点到第二天上午9点这段时间里将它用黑色塑料袋或大纸盒包起来。但不管怎么说，它在白天都是需要充足的阳光的。

播种

1 选择一段未木质化的枝条进行扦插。首先，摘除底部叶片。然后，将其放在阴凉通风处静置2~3天。

2 在花盆底部铺好排水层，然后放入适量培养土。接着，在土壤表面喷一些水，再用木筷插几个小洞。

3 将枝条分别插入小洞中。等1~2天后，再充分浇水。以后每次深层土壤干燥时一次性把水浇透。

4 当新叶开始长出时，就说明植物已经生根了。通常，从扦插到生根需要1~2周时间。如果是在秋季扦插，植物就会在生根后不久开始长出花柄。

阳台园艺 TIP

- 换盆时应将新土和磨砂土的比例控制在1:1，等1~2天后再充分浇水。
- 过湿会导致底部叶片发黄凋落，过干时叶片也会凋落。
- 如果植物徒长，就要尽快进行修剪。剪掉过长的枝条后，新长出的叶片就会小巧许多，树形也就好看了。
- 经过无光照处理后，即使是极为矮小的植株也会开出花苞。
- 营养不足会导致叶片变小，最好每隔1~2个月施肥一次。
- 抗病虫害的能力强，但在虚弱的状态下容易感染蚜虫、介壳虫等。

我知苦难有多深

虎刺梅

雨后与你闲话花草

虎刺梅是一种长满红色小花的美丽植物。可事实上，我们所看到的这些红色小花并非花朵。而是包裹在花朵之外的“苞片”，真正的花朵是最中间那小小的一团。在虎刺梅那厚实饱满的茎部上，长满了尖锐的硬刺。可事实上这些刺也不是真正的刺，而是由叶子演变而来。所有这些特质都是虎刺梅为了在严酷的沙漠环境下求生而做出的艰难转变。正因如此，人们把它的花语设为了“我知苦难有多深”。相传，耶稣头上所带的荆冠正是由虎刺梅编织而成，所以外国人又称它为“Crown of thorns（荆棘王冠）”。

就这么养

大戟科植物的特点是有毒，虎刺梅也不例外。它的茎部和叶片中含有一种带轻微毒性的白色汁液，所以我们一旦用手沾到就必须立刻冲洗，并谨防其入眼。如果家中有孩子或宠物，就最好把它放在较高的位置，以免误食。

扦插繁殖

1 剪下一段枝条，将流出的白色乳液冲洗干净。然后，将其放在阴凉处静置2~3天，等茎部中的水分自然风干。

2 找一个一次性容器做花盆，铺好排水层，放入适量培养土。然后，用木筷插几个小洞。接着，将枝条小心插入洞中。最后，轻轻按压土壤以固定位置。

3 喷洒适量水分至土壤表层湿润。等一周后，再充分浇水。以后，每次表土干燥时一次性把水浇透。大约等一个月，植物就会生根发芽。

阳台园艺 TIP

- 换盆时应将培养土和磨砂土的比例控制在7:3，至少等3~4天后再充分浇水。
- 阳光越充足，叶片就越小、越厚实，花朵就越多、越鲜艳。
- 如果希望植物冬季仍然开花，就要将温度控制在10℃以上。
- 最好每隔2~3个月施肥一次。注意不要过度施肥，否则植物容易徒长、生病。

阳光下闪闪发亮的

圆叶景天

雨后与你闲话花草

“一看到它我就感觉迈不开脚了！”、“它好像在召唤我”……想知道“它”是谁吗？它就是无数人“冲动购买”的罪魁祸首——圆叶景天！这种集小清新和“Bling Bling”于一身的神奇植物就是有本事让人一见倾心、忘乎所以。而我也是它的“受害者”之一。虽然它完全不符合我所追求的“花繁叶茂”之美，却牢牢抓住了我的心，让我心甘情愿地掏出了钱包。它耐旱性强，无需厚实的土壤；它繁殖力佳，在国外被用作绿化植物和屋顶装饰。

就这么养

在通风不良的环境中，它很可能感染灰霉病。有时候它即使生病了看上去依然新鲜漂亮，但内部却早就烂成一片。如果你不及时处理，它很快就会完全腐烂而死。因此，一定要将它养在通风好的环境中。在梅雨季节和不敢开窗的冬季，一定要将土壤中的磨砂土比例控制在70%以上，以保证土壤的透气性。

扦插繁殖

1 修剪下来的枝条、换盆时掉落的枝条不论长短均可以用来扦插。

2 首先，在花盆中放入适量土壤。然后，在土壤表面喷洒适量水分。接着，用木筷插几个小洞，将植物小心地插入洞中。

3 插完后，将花盆移到阴凉处静置5天。然后，稍微浇一点水。以后，每次土壤完全干燥时一次性把水浇透。

阳台园艺 TIP

- 喜干不喜湿，换盆时要把培养土和磨砂土的比例控制在1:1，等一个星期后再充分浇水。
- 阳光越充足，植物的颜色越闪亮。阳光越暗淡，植物就越绿、越容易徒长或生病。
- 喜欢朝着四周蔓延生长。种在低矮花盆或悬吊式花盆中尤其漂亮。
- 最好在春秋季节每月施肥一次。
- 部分品种可以在户外越冬。但如果不确定品种，就最好将植物放在0℃以上的环境下越冬。

比秋日枫叶更美的

三叶景天

雨后与你闲话花草

三叶景天是一种颇受欢迎的野生多肉植物。它的花朵如一团团小巧可爱的毛球，令人印象深刻。除了本名之外，它还有露珠草、毛球草等许多外号。记得我还是园艺新手的时候，被它那鲜红可爱的模样所吸引，立刻在网上买了一株。可谁知道拿到手上的它完全是绿绿的一盆，不禁大失所望。不过，在过完了那年冬天后，它的样子就开始变化了。先是叶片越来越圆润可爱，到了秋季竟然变成了美到不可言喻的梦幻红色！就连那细细长长的枝条也变成了漂亮的透明色！要怎么形容我当时的激动之情呢？我觉得吧，还得你亲眼见证一次才能体会呢！

1 新芽开始长出。此时，最好将土壤换成营养丰富的培养土。如果叶片变得一碰就掉，就说明得赶紧浇水了。

2 现在，植物的枝条越长越长，末端生出了细小的花苞。此时要保证充足的阳光，否则植物容易徒长。

3 现在，一朵朵漂亮的花朵竞相开放！此时用笔刷轻刷花朵，可使其受精结种。

4 植物的叶子变成了漂亮的红色。等红一阵子之后，叶片就会纷纷掉落，长出新叶。

就这么养

三叶景天在严冬季节会进入休眠期。等叶片完全凋落后，就会有新叶长出。新叶完全是为过冬而生，所以生长速度极为缓慢。如果你家阳台实在太冷，就可能要等到春天才能看到新芽长出了。如果你看到植物变得光秃秃的，千万不要以为它已经死了，只要好好浇水，它一过完冬就会“满血复活”呢！

阳台园艺 TIP

- 换盆时要将培养土和磨砂土的比例控制在1:1，尽量避免过湿。
- 适合生长在半阴地，但在充足的阳光下，末端叶片会呈现出漂亮的红色。
- 非常适合扦插，叶插存活率也很高。
- 最好每隔1~2个月施肥1次。
- 抗病虫害的能力很强，但注意一定要避免过湿，否则容易感染灰霉病。

PART 5

让你家阳台变成绿叶森林

观叶植物

失眠患者的福音，为你带来一夜好梦的

含羞草

花语：敏感，纤细

雨后与你闲话花草

提到含羞草，我们自然而然就会想到它那一碰就闭的叶子来。在韩国的门户网站检索榜上，含羞草的大名一度高居榜首，可见人们对它的喜爱之深。含羞草的外号很多，比如“神经草”、“夜眠草”等。它具有解热安神的功效，可以治疗失眠、胃炎、带状疱疹等疾病。

就这么养

含羞草的茎部长有一些尖刺，换盆或修剪时要格外小心。它的原产地是终年温暖的巴西，所以到了冬季寒冷的韩国，就从多年生变成了一年生。一旦温度低至5℃，它就会自动进入生长停滞期，出现底部叶片凋落的症状。要是你家阳台冬季比较温暖，它就能平安无事地过冬了。一旦越过冬天，它的茎部就会出现木质化现象，变成另一番模样。

播种

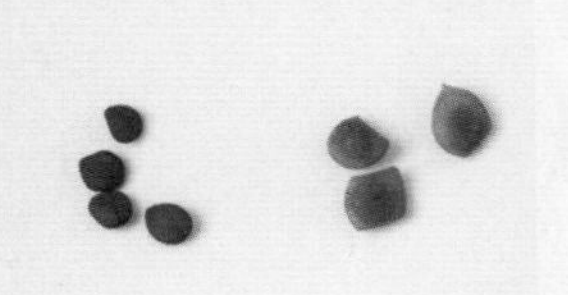

1 左边是去壳后的种子，右边是未剥壳的种子。将种子放在水中浸泡一夜，去皮后再播种，成功率会比较高。

2 找一个一次性容器做花盆，在底部打几个排水孔。然后，装入适量土壤，撒入种子，再轻轻按压。最后，充分浇水。

3 在25~29℃的环境下，发芽只需4~5天。10天后，真叶就会长出。当真叶长出3~4片时，就可以换盆了。

4 播种后3个月，花苞开始长出，紧接着就开出了淡紫色的小花。含羞草的花每朵只开一天，所以要好好珍惜哦！

阳台园艺 TIP

- 换盆时不要过量修剪根须，否则叶片容易凋落。
- 阳光不足会导致花苞枯萎、叶片褪色。
- 别为了好玩老是去摸叶片，这样会使植物疲累。
- 最好每隔2~3个月施肥一次。
- 偶尔会受到沙蝇的骚扰，喷洒杀虫剂可解决。但由于它的叶片经常蜷缩起来，喷药时最好喷在叶片背面。

在空中生根的奇特植物

万两金

雨后与你闲话花草

花语为“有德之人”的万两金在韩国被认为是财富的象征。提到这儿，就不得不提到一段有趣的典故。一开始，一些卖花小贩将紫金牛的名字改成了与万两金相对应的“千两金”。看到紫金牛的身价瞬间“暴涨”，卖万两金的小贩们便不甘示弱地将万两金的名字改成了“万两金”。于是，“万两金”这个名字就一直沿用至今。在韩国，万两金、紫金牛和珊瑚树是最有名的“室内植物三剑客”。虽然它们外形极为相似，却各有不同的特点。比如万两金的叶子边缘呈波浪形，紫金牛的叶子边缘是柔和的锯齿，珊瑚树的叶子边缘是尖锐的锯齿。另外，珊瑚树的茎部长满了绒毛，与另外两个截然不同。你只要好好观察一次，就再也不会将它们混淆了。

难易度
上□ 中☑ 下□
分类
多年生
繁殖方式
播种（一年四季均可），扦插
开花时间
6~7月
越冬温度
0℃以上
适宜温度
15~20℃
浇水
深层土壤干燥时一次性把水浇透
阳光
适合生长在半阴地

花语：有德之人

就这么养

开花时节将花盆移到通风处，或用手摇晃枝条，可以促使花朵受精。夏天结出的果实到了晚秋时节会变成成熟的红色，并一直挂在枝头直到第二年的晚秋。也许是待在空中时间太久的缘故，这些果实有时候竟然会在空中生根。而果实中的种子则通过吸取果肉的养分来发芽。将果实摘下种入土中，即可收获一株新的万两金。

播种

1 直接栽种会招致各种虫害，最好去掉果肉，直接用果核栽种。

2 找一个一次性容器作为花盆，在底部打几个排水孔。然后，放入适量土壤，再将种在放入土中。最后，充分浇水。

3 真叶长出的时间短则2周，长则3个月。当真叶长出3~4片时，就可以将植物移入大花盆中了。

4 4年后，花苞开始长出。从播种到开第一朵花，通常需要4~5年时间。

阳台园艺 TIP

- 过强的阳光会导致叶片干瘪。最好将植物放在阳光温和的半阴地。
- 最好每隔两个月施肥一次，每隔两年换盆一次。
- 如果家中栽种的中大型植株，就一定要确定在每次深层土壤干燥时再浇水，否则容易导致植物过湿。
- 每年6月，应剪去那些没有结出花苞的幼枝，再将它们放入土中或水中进行扦插。
- 过干会导致介壳虫滋生。如果发现枝条上有一些堆积的绒毛，摸上去黏糊糊的，就说明“中招”了，应立刻喷洒杀虫剂。

如爆米花般成簇开放的

紫薇

花语：思念远去的朋友

雨后与你闲话花草

紫薇在韩国是一种很常见的观赏植物，由于开花时间长，又被称为“树上百日草”。它还有一个有趣之处，就是只要你轻轻摸一摸它的树干，它就会像被挠了痒痒一样“浑身颤抖”。所以，也有人把它称为“痒痒树”。随着年月流逝，紫薇会逐渐褪去表层的褐色树皮，露出白色树干来。韩国古代的高僧认为这是一种摒弃世俗、崇尚高洁的象征，所以总是在住宅的前院中种植紫薇。在釜山杨亭洞地区，伫立着两棵800年不倒的紫薇，目前已被评为韩国第168号自然文物。如果你要去那边旅游，别忘了看看这两棵难得一见的古树哦！

就这么养

紫薇到了秋天会大量落叶，这是一种正常现象，无需紧张。它的发芽时间较晚，一般在4~5月才开始开花。新长的枝条越多，花朵就开得越繁盛。如果你家的紫薇已经超过1岁，就最好在发新芽前将枝条尽量修剪得短一些，这样新枝就会更多了。大部分人都喜欢直接买幼苗来栽培，但事实上紫薇播种起来很容易。如果你在2月播种，那么它到了7月份就会开花。别看它总是长得那么高大，栽培成小型盆栽也是像模像样的呢。

播种　适合在春季进行

1 剥开外壳，可以看到一个个又扁又小的种子。

2 在花盆中放入适量土壤，将种子按一定的间隔栽入其中，再盖上适量土壤，充分浇水。最后，盖上保鲜膜以保持湿度。

3 在20℃的环境下，只需1~2周真叶就会长出。在此期间，应在每次表层土壤干燥时一次性把水浇透。

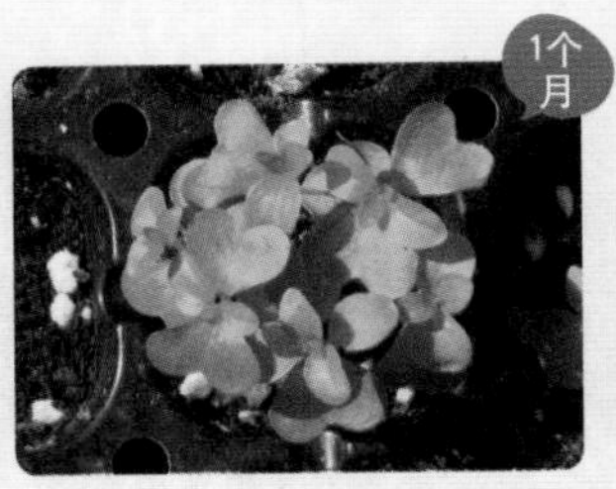

4 真叶长出2~4片时，就可以换盆了。最好每个花盆中只栽种一棵，这样植物才会更健康。

阳台园艺 TIP

- 最好每隔两个月施肥一次，每隔两年在春季换盆一次。
- 秋季落叶时应注意避免过湿，尽量等每次深层土壤彻底干燥时再浇水。
- 除冬季休眠期外，任何时候都可以扦插。将剪下来的枝条放入湿润的土壤或水中，只需1~2周即可生根。
- 容易受蚜虫和介壳虫的侵袭，浇水时要注意观察，争取早发现、早处理。

采集种子

紫薇无需人工授粉也能结种。每年9~11月，它的枝条上会生出一些坚果状的子房。当这些子房的外壳出现裂缝时，就说明种子已经完全成熟了。

既能净化空气，又能美化环境的

波士顿蕨

难易度
上□ 中□ 下☑
分类
多年生
繁殖方式
分株
越冬温度
10℃以上
适宜温度
18~24℃
浇水
表层土壤干燥时一次性把水浇透
阳光
适合生长在半阴地

雨后与你闲话花草

波士顿蕨是一种最适合放在客厅、卧室的植物，它不仅清新美丽，还有出色的空气净化功效。如果你刚搬了新家，或饱受二手烟的困扰，那么种一盆波士顿蕨就再适合不过了。在美国航天局NASA评选的“最佳空气净化植物”中，波士顿蕨排名第九。另外，它还是室内空气湿度的检测仪。如果你发现它的叶片末端有些干瘪，就说明室内过于干燥了。

就这么养

波士顿蕨的叶子呈垂落型，既适合摆放在桌面，也可以悬挂于窗边。当成长到一定阶段时，它的根部中心会长出一些如铁丝般坚韧的根须，将这些根须埋入土中，就会长出一株新的波士顿蕨来。它对过湿环境的耐受力比较强，特别适合那些控制不好土壤湿度的园艺初学者。它繁殖力旺盛，不出多久就能从孤零零的一盆变成热热闹闹的一片。

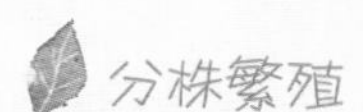

分株繁殖

1 将植物从花盆中取出。如果根部缠绕得厉害，就用镊子之类的工具小心地整理一下。观察茎部，将其逐株分开。

2 分开时要小心些，不要误伤叶片。将植物分成图中的样子就差不多了。

3 将分出来的小植株栽入合适的花盆中。注意尽量不要使原本粘附在根部的土壤脱落，这样植物才会长得更快。

阳台园艺 TIP

- 波士顿蕨很难播种繁殖，最好直接从花店购买幼苗。
- 虽然可以在阴暗的环境下生存，但最好还是时不时让它沐浴一下柔和的阳光。
- 在干燥季节，应时常在叶片上喷水，以保持植物湿度。
- 成长速度很快。应勤于换盆并每隔两个月施肥一次。
- 应适时修剪颜色黯淡的老叶，以保持美观。
- 几乎不会感染病虫害。

消灭食物异味和一氧化碳的高手

绿萝

雨后与你闲话花草

绿萝是一种经常出现在咖啡店、餐厅、商场等地方的观赏植物。它的叶片呈柔和的心形，看上去十分美观大方。它适应环境的能力特别强，打理起来又很简单，尤其适合园艺初学者栽培。它的藤蔓喜欢沿着墙壁生长，一不小心就形成了一幅天然的壁画。它有时候还会沿着粗壮的树干生长，变成有趣的“树中树”。将它种在厨房，不仅能消除食物异味和一氧化碳，还能使做饭人的心情变得清新愉快。

就这么养

绿萝有一个特性，就是如果枝条向下生长，叶片就会越来越小。如果你不希望如此，就要想办法让枝条向上生长。插入支撑架、使枝条绕在大树干上等都是不错的办法。另外，如果发现叶片的花纹变浅或消失，就说明阳光不够充足。此时，应尽快将花盆移到阳光充足的地方。

扦插繁殖

1 剪下一段枝条进行扦插。最好选择那些已长出少许根须的枝条，这样生根的速度会快很多。

2 将植物插入盛满清水的花瓶中，放在阴凉通风处。以后，每隔3天换一次水。

3 1~2周后，植物就会生根。一个月后，根部就会变得又粗又长。现在，可以将植物栽入土中，也可以继续水培。

阳台园艺 TIP

- 最适合生长在阳光柔和的半阴地。
- 养在悬吊式花盆中或放在高处最为美观。
- 营养不足会导致生长停滞，最好每隔2个月施肥一次。

从芬多精到森林浴

黄金柏

雨后与你闲话花草

黄金柏的学名为金冠柏（Gold crest Wilma），之所以名为“黄金”，是因为它的叶子在强烈的阳光下会发出漂亮的金色。如果在阳台上种一两盆黄金柏，整个空间一下子就会明亮许多。它的叶片还会散发出迷人的清香，让人忍不住希望它常在身旁。另外，它会不断分泌出一种名叫“芬多精”的物质，使人产生置身于森林中的清新舒适之感。但是，它绝对不能放在书房、卧室等密闭空间。因为它的叶片十分密集，一旦通风不佳，就会从内部开始干枯死亡。所以，阳光充足、通风良好的阳台是最适合它的地方。它还是常用的圣诞装饰树。在它身上挂一些缤纷的彩带、可爱的装饰球，圣诞节的欢乐气氛一下子就浓郁起来。

难易度
上☐ 中☑ 下☐
分类
多年生
繁殖方式
扦插
开花时间
不开花
越冬温度
0℃以上
适宜温度
15~20℃
浇水
表层土壤干燥时一次性把水浇透
阳光
☀☀☀ 越充足越好

就这么养

时不时将侧枝的新苗摘下1~2cm，可以起到维持美观的作用。有时候摘芽过的地方会变得干瘪，但无需紧张，因为很快就会有新的健康侧枝生出来。不少人都说黄金柏难养，可事实上只要你掌握了方法就一点儿也不难。首先，一定要记得在每次表土干燥时一次性把水浇透。如果你家的花盆透水性差，就一定要用筷子插入土中，确认土壤的确干燥后再浇水，否则容易导致过湿。还有一点很重要，那就是一定要“具体情况具体处理”！不论多么好的经验，都比不上你的亲身实践。

扦插繁殖

1 选择几段侧枝进行扦插，将底部叶片摘除。

2 找一个一次性容器做花盆，在底部打几个排水孔。然后，放入适量培养土，将枝条插入其中，再充分浇水。

3 最好选择有盖的容器，这样可以更好地保持土壤湿度。记得在每次表土干燥时浇水。

4 4~5个月后，植物才会开始生根。当新苗开始迅速生长时，就可以换盆了。

阳台园艺 TIP

- 时不时旋转花盆，以保证植物不会朝着一边倾斜。
- 如果希望打造“热狗式”造型，就一定要选择只有一根主茎的植株。不注意的话，很容易买到主茎一分为二或不够笔直的。
- 干旱对植物来说是致命的，所以千万不能延迟浇水或忘记浇水。
- 对肥料的需求很小，每年施肥一两次即可。
- 抗病虫害的能力很强，几乎不会生病。

香气弥漫千里之外的

千里香

花语：甜蜜的爱

雨后与你闲话花草

千里香原名“瑞香”，因香气绵延仿佛千里之外都能闻到，才有了这个别名。光从这个名字，我们便可想象这植物是多么芬芳四溢了。虽然它的花期十分短暂，却因那独特的香气而引得无数园丁为之着迷。我家那棵小巧结实的千里香还是4年前在一家平价小店买来的。每到春天，它那迷人的香气就会让我陶醉不已。

各位，快来让你家阳台也充满“千里之香”吧！

就这么养

千里香每年7月开始花芽分化，10月初结出花苞，第二年2~3月间开花。如果希望来年的花儿开得更好，就要在4~6月间进行剪枝。不过，最近随着全球变暖，花谢之后立刻剪枝似乎才是最合适的了。花谢后，植物会进入迅速生长期，此时勤于剪枝可以让侧枝长得更为繁茂。

扦插繁殖

1 最好选择今年新生的枝条或比较幼小的枝条进行扦插，长度以10~15cm为宜。摘除底部叶片后，插入清水或土壤中。

2 生根速度较慢，大约需要一个月时间。图中那白色的小点就是新生的根部。

阳台园艺 TIP

- 不喜欢强烈的阳光，最好养在阳光温和的地方。
- 最好每隔两年换盆一次，换盆时机为花谢之后的春季。另外，应每隔两月施肥一次。
- 营养过剩会导致徒长，营养不足会导致生长停滞，所以施肥一定要适量。
- 浇水不足会导致底部叶片变黄凋落。
- 容易受介壳虫的侵袭。如果发现植物身上出现一些黏稠液体或无缘无故地枯萎，就说明得杀虫了。

去除有害化学物质的高手
白鹤芋

雨后与你闲话花草

在美国航空局评选的“最佳空气净化植物”中排名第十的白鹤芋是去除有害化学物质的高手。只要有它在，什么丙酮、苯、甲醛全都没有了容身之地。它一年四季都会开出洁白优雅的花朵，仿佛上过蜡般光洁的绿叶更是令它气质出众。事实上，那所谓的白色花朵并非花，而是苞片，只有中间那一根毛茸茸的“小棍”才是花。不要觉得奇怪，大部分观叶植物的花朵都是如此。

白鹤芋的叶片在上午会偶尔渗出水珠来，这是一种正常的排液现象。

就这么养

只要阳光温度适宜、营养充足，植物就会生出健康的花柄。如果外部条件完全满足却迟迟不开花，就可能是根部长得过满或植物身体虚弱的缘故。此时，最好进行换盆并多多浇水。另外，过多的氮肥也会导致植物无法开花。

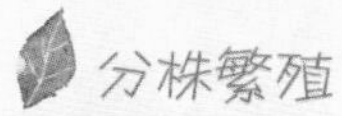

分株繁殖

1 将植物从花盆中取出。

2 双手抓住植物，小心地进行分株。

3 全部分好后，将各株分别种入新的花盆中。

阳台园艺 TIP

- 换盆时要放入适量肥料土，以后每隔2~3个月要施肥一次。
- 即使放在厕所、地下室等没有阳光的地方也能生存，但也要时不时晒晒太阳才能健康成长。
- 漫长的花期会导致过多的营养消耗和花粉四处纷飞，最好适时剪掉花柄。剪下来的花柄会渐渐变绿直至枯萎。
- 抗病虫害的能力较强，但偶尔会滋生沙蝇。一旦法发现病情，要及时喷洒蛋黄油并仔细清理。

阳台花园中必不可少的

常春藤

花语：与幸运同在的爱

雨后与你闲话花草

藤蔓植物可以将花朵的艳丽衬托得几近完美，所以在庭院装饰中总是必不可少。而常春藤无疑是藤蔓植物中最受欢迎的，有人甚至说它是“一生必养的植物之一”。当你的阳台因过多的花花草草而显得杂乱无章时，一盆小小的常春藤便可起到“化零为整”的协调作用。另外，它还有出色的空气净化功能，可以让室内空气更加清新宜人。你家中还没有常春藤吗？那就赶快去花店买一盆吧。希望它正如花语所言，将“幸运与爱”带到你的家园。

就这么养

许多常春藤都是因为浇水过度而死的。虽然它并非多肉植物，却极为耐旱，必须在深层土壤完全干燥时浇水才能避免过湿。如果你实在对浇水没信心，那就选择水培吧。一到了水中，常春藤就变得非常容易打理，只需隔几天换一次水即可。干净的玻璃瓶中盛满清水，放上一枝充满绿意的常春藤，绝对是家中一道清新脱俗的风景线。但需要注意的是，常春藤有毒性，如果你家中有小孩或宠物，就一定要把它放到高处。

扦插繁殖

1 随意摘下一根枝条即可进行扦插。

2 将枝条放入盛满清水的花瓶中。底部叶片即使浸入水中也没关系。

3 一个星期后，植物就会开始生根。一个月左右，就会长出新叶和许多根须。这时，可以继续水培，也可以栽入土中。

阳台园艺 TIP

- 换盆时要将培养土和磨砂土以6:4的比例混合，以保证土壤的排水性。
- 叶片有纹路的品种必须放在阳光充足的地方，否则纹路会消失。
- 耐寒性强，但部分品种在严冬季节会变成红色。
- 最好每隔2~3个月施肥一次。
- 抗病虫害的能力强，但过度干燥会导致沙蝇和介壳虫滋生。

释放负离子的圣诞之花

一品红

雨后与你闲话花草

一品红是一种在圣诞时节开花的植物。所以，在美国和欧洲地区，它一直是圣诞节必备的传统装饰品。最近，韩国人也开始把它当作圣诞节的象征。所以，一到圣诞前夕各地的花市简直就成了一品红的海洋。事实上，一品红开出的红色花朵并非花而是苞叶，真正的花是中心那小小的黄色“花蕊”。别看它总是被当作小型盆栽栽培，事实上在原产地却是能长到三四米高的大型灌木呢！

花语：祝福

就这么养

一品红是一种短日照植物，每年必须有10周时间保证每天有12个小时无光照才能开花。所以，最好从10月1日起就将它搬到夜晚没有灯光照射的暗处，这样到了圣诞节才能看到漂亮的红花。如果花盆难以搬动，就用黑色塑料袋或纸盒将植物盖起来。记得到了白天一定要让花盆“重见天日”！另外，一品红的茎部含有一种带毒性的白色汁液，如果家中有小孩或宠物，一定要多加小心。

“换盆综合症”的处理办法

要想让买回家的一品红活得长久，就一定要掌握处理“换盆综合症”的办法。这个办法不仅适用于一品红，还包括所有的多年生植物哦！

1 为避免多余的能量消耗，大胆地将枝条通通剪掉。

2 保持这样的造型2周~1个月，等植物渐渐恢复精神后，就会长出新叶。在此期间，一定要避免过湿，每次等表层土壤彻底干燥时再浇水。

3 一个月后，植物长成了图中的模样。很显然，病症已经消失。如果恢复得够好，植物还会生出花柄呢。

阳台园艺 TIP

- 耐寒性差，冬天必须放在室内。
- 容易发生伤口感染，所以每次剪枝时都要使用消毒过的工具，扦插时不要摘除叶片。
- 扦插时，应剪下6~7cm长的枝条，仔细清洗掉有毒汁液，再放入土壤或花瓶中。大约3~4周后，植物就会生根。
- 喜欢肥料，最好每隔1~2月施肥一次。
- 抗病虫害的能力较差，尤其容易受温室白粉虱的侵袭。购买时一定要仔细检查叶子的正反面，确保没有任何病虫害。

内容提要

从观花植物、观叶植物、球根花卉到香草、多肉植物……本书介绍74种常见花草的栽培方法，帮你破解阳台空间问题，结合植物特性，找出最佳的花草栽培方案，从播种到收获，每一步都有详细图解，只要照着做，即便是园艺新手，也可以打造出自己的阳台花园。

要相信，每一颗小小的种子，都会在日后成为你美丽花园的生力军。

图书在版编目（CIP）数据

种子变花园 ：阳台园艺全攻略 / （韩）李宣英著 ；李舟妮译. -- 北京 ：中国水利水电出版社，2014.6（2015.11 重印）
ISBN 978-7-5170-1930-5

Ⅰ. ①种… Ⅱ. ①李… ②李… Ⅲ. ①花卉—观赏园艺 Ⅳ. ①S68

中国版本图书馆CIP数据核字(2014)第079446号

策划编辑：余椹婷　责任编辑：余椹婷　加工编辑：习　妍　封面设计：杨　慧

书　　名	种子变花园：阳台园艺全攻略
作　　者	【韩】李宣英　著　李舟妮　译
出版发行	中国水利水电出版社 （北京市海淀区玉渊潭南路 1 号 D 座 100038） 网　址：www.waterpub.com.cn E-mail：mchannel@263.net（万水） sales@waterpub.com.cn 电　话：(010) 68367658（发行部）、82562819（万水）
经　　售	北京科水图书销售中心（零售） 电话：（010）88383994、63202643、68545874 全国各地新华书店和相关出版物销售网点
排　　版	北京万水电子信息有限公司
印　　刷	北京市雅迪彩色印刷有限公司
规　　格	210mm×285mm　16开本　12.75印张　222千字
版　　次	2014 年 6 月第 1 版　2015 年 11 月第 2 次印刷
印　　数	6001—9000册
定　　价	49.00元